环境艺术设计与美学理论研究

HUANJING
YISHU
HEJI YU MEIXUE
LILUN YANJIU

占剑华 著

辽宁科学技术出版社
LIAONING SCIENCE AND TECHNOLOGY PUBLISHING HOUSE

图书在版编目（CIP）数据

环境艺术设计与美学理论研究 / 占剑华著. — 沈阳:
辽宁科学技术出版社, 2023.9
ISBN 978-7-5591-3234-5

Ⅰ.①环… Ⅱ.①占… Ⅲ.①环境设计 – 关系 – 美
学 – 研究 – 中国 Ⅳ.①TU-856②B83-092

中国国家版本馆CIP数据核字(2023)第174712号

出版发行：辽宁科学技术出版社
　　　　　（地址：沈阳市和平区十一纬路 25 号 邮编：110003）
印 刷 者：三河市华晨印务有限公司
经 销 者：各地新华书店
幅面尺寸：170 mm × 240 mm
印　　张：13.75
字　　数：200 千字
出版时间：2023 年 9 月第 1 版
印刷时间：2023 年 9 月第 1 次印刷
责任编辑：凌　敏
封面设计：优盛文化
版式设计：优盛文化
责任校对：鄢　格

书　　号：ISBN 978-7-5591-3234-5
定　　价：88.00 元

联系电话：024-23284363
邮购热线：024-23284502
E-mail：lingmin19@163.com

前　言

　　进入 21 世纪，面对全球化的世界变革，我国的环境艺术研究开始了自己新的探索，朝着综合性的方向发展。而环境艺术面对的对象也因人的情感、个性、社会地位、心理素质等方面的不同而发生着变化，呈现出一种多元化的发展趋势。这种需求的多样性必然激发人们要具有更加丰富的想象力，吸纳更多种类的信息，从而进行多种多样、丰富多彩的环境艺术设计，也进一步推动了人类文明的进步。

　　环境艺术设计可以理解为人类在适应环境、改造环境的过程中将自己的审美观念、能动意识灌注于环境之中，逐步形成一种理性的，有计划、有目的、成系统的人类活动；是对各种自然、人工环境因素加以组织使之符合人们行动、心理需要，并产生审美感受的一门新兴学科，是实现环境美的具体方式。从内容来看，它包括对自然环境的再设计、园林环境设计、城市环境规划与设计、建筑与室外环境设计、室内环境设计等。音乐家用音符构成旋律、和声与节奏，用乐器与人声来表现不同的音质；文学家用文字语言来记录生活，塑造人物，表达观点；环境艺术设计师则是用环境材料作为笔墨，用色彩与光影等来完成他的作品。

　　本书语言简单明了，逻辑结构清晰。首先介绍了环境艺术设计的基本概念以及美学基础，又将环境艺术设计与中国传统美学、光影、色彩和技术相结合，详细论述了环境艺术设计的美学设计，以期为从事环境艺术设计相关工作的人员提供一定的思路与方法，对促进我国环境艺术设计的发展具有一定的意义。

目　录

第一章　环境艺术设计概述

第一节　环境艺术设计的含义与基本观点

一、环境艺术设计的含义

所谓环境，是指人类赖以生存的周边空间，是人类聚集栖居的空间场所构成的综合体。它包括自然环境、人工环境和社会环境在内的全部环境概念。从空间大小而论有宏观环境、微观环境之分；从活动功能而言，有居住、生产、办公、学习、运动、通信、交通、休闲等环境；从分支学科而言，有社会环境、经济环境、生态环境、建筑环境、光环境、水环境等。

环境设计是指对人们的生存空间进行美化和系统构思的设计，是对生活和工作环境所必需的各种条件进行综合规划的过程。

环境艺术设计是一门新兴的学科，它属于艺术设计学科的一个分支。环境艺术是以研究人与环境的关系为目的，研究它们在发生交互作用时，如何取得相互协调相互统一的创作，也可以理解为以艺术的方式和手段对建筑内部和外部环境进行规划、设计的活动。环境艺术设计的目的是为人们的生活、工作和社会活动提供一个合情、合理、舒适、美观、有效的空间场所。现在的环境建设，目标不再是单一的建筑环境，而是综合的文化生态环境系统。因此，所涉及的内容不仅是环境艺术这一单一学科，还涉及人文科学、技术科学和文化艺术领域。

随着社会的发展，人们对人与自然的关系、建筑与人的关系、建筑与环境之间关系的认识不断调整与深化，加之人们对艺术的不断追求，完善的环境设计被提升到"艺术"的高度。它不局限于单纯建筑、空山、庭院和城市设施的美化与装饰，而是从城市整体、人的生存环境、艺术、

3

功能及文化等较高层次来对我们的生活环境进行综合创造。也就是通过艺术手段把建筑、绘画、雕塑及其他观赏艺术结合起来，使人们获得美学享受的艺术环境。对环境进行艺术化的设计包括了艺术设计的系统工程，要从人文、生态、空间、功能、技术经济和艺术等方面进行综合设计。从对环境美的最终要求而言，艺术设计是贯穿其中的全面的、整体的设计。

环境空间设计的进步与发展，大体上经历了实用空间、行为空间（抽象空间）、符号空间（几何空间）、功能空间的历程。原始的空间观念，是寄托于直觉体验和生存本能意义上的，具有实用性；抽象与符号空间，是人类能以语言、天文、象征等文化为参照，进行思维、描述、概括的架构，是文明时代的象征；现代人的空间，是以几何图式、形态构成、视觉原理、现代科技和现代生活为依托而营造的理想空间。

环境艺术设计总地来讲，是指在整体设计观念指导下的综合设计。它相对于单体、局部、一元化而言，是从整体的结构框架出发来发挥艺术设计感染力的。时至今日，人们更向往一种社会文化、历史文脉、未来世界、独处与交往相结合的多元化的现代空间，这是现代人综合的"心理空间"或"人性空间"。人在追求理想中生存，从谋生到乐生，理性的需求得到满足后，向着社会文明和自我实现的更高台阶迈进。

二、环境艺术设计的基本观点

环境艺术设计是随着人们环境意识的觉醒而诞生的新兴专业。对环境艺术设计的研究是以系统论为基础的，从系统的整体性出发，打破传统的单体设计，把建设项目中的规划、建筑、室内设计、景观与环境设施、视觉传达等专业设计进行统一的科学性的系统"整合"。把功能系统、环境景观系统、生态系统、人文系统等子系统进行集合设计，注重系统中各部分之间的内在联系和相互作用，精确处理部分与整体的辩证关系，科学地把握系统，树立生态设计、人性化、地域化、结合科学与艺术的设计理念，达到各个系统的整体优化，从而使环境艺术设计的发展更理性化，更具有创新性。现代环境艺术设计应确定以下几个基本理念。

（一）树立生态价值观和绿色设计理念

一个多世纪以来，现代科学和工业革命给人类带来了前所未有的进步，产生了巨大的社会财富并使人类生活方式发生了全方位的改变。然而工业化进程又导致了资源的过度消耗、环境恶化、污染日趋严重等后果——人类赖以生存的自然环境和生态平衡遭到严重破坏。森林植被、生物物种、清洁的淡水和空气、可耕种的土地等，这些人类生存所必需的基本物质保障在急剧减少，地球上的非再生资源日渐枯竭。如果按过去的工业发展模式不加节制地继续下去，地球将不再是人类的乐园。

据有关资料统计，在建筑业对环境造成的污染中，有相当大的比例是因为装修材料的生产、施工与更新造成的。目前，用于室内外装修的投资在工程总投资中所占比例很高，以室内设计为主的工程对资源和能源的高消耗越发严重。这些都应引起设计师的高度重视和认真思考。

设计师要实现观念的转变。从维护和提高人类生存环境质量的层面来看待室内设计，它已不仅仅是装饰和装修的问题，而应把它看作一个复杂的系统工程。在这个系统工程中，除了人文社会科学和自然科学的参与外，生态学和绿色设计观念将成为整个设计思维过程中的主要因素。设计师要用与自然和谐的整体观念去构思和策划项目，进行工程设计；以生态学思想和生态价值观为主要原则，充分考虑人类居住环境可持续发展的要求；要提倡绿色设计的概念，贯彻高效能、高品位、高文化、低消耗的设计思想。生态设计是一个整体性设计，需要设计师和建筑师以及相关专业的工程师之间协调配合，提供专业的咨询和帮助。

目前，我国的生态建筑尚在试验阶段，室内设计工作可以从两个方面考虑。首先，设计师要建立环境保护意识，掌握好装饰对人的无害化和对环境的无害化原则；在设计中使用环保材料，解决好对自然能源利用的问题，如阳光、自然风、土地、植被、水资源等，同时考虑减少对能源和资源的消耗，减少有害气体、固体垃圾的排放，减少对自然环境的负面影响；在设计中要更多地注重外部环境的因素，结合地区气候日照特点，尽可能多地利用自然光、自然风能、太阳能等可再生资源；减少对人工照明和空调等高能耗设备的过分依赖。其次，在技术条件许可的情况下，设计师要积极地创造生态化环境。在室内环境方面，通过在设计中引入自然要素和户外景致，形成绿色自然景观，使人与自然相融合，并成为自然生态系统的有机组成部分。比如时下流行的"景观办公室"，根据交通流线、工作流程、工作关系等自由布置办公家具，室内空间充满绿化，有效地改善了环境的小气候，营造出更加融洽轻松、友好互助的氛围。这无疑减少了工作中的疲劳，大大提高了工作效率，激发了员工们积极乐观的工作态度。在室外环境方面，针对中国城市化进程中存在的生态环境恶化和城市文化特色消失等问题，根据联合国计划倡导的国际城市发展模式，许多城市提出了建设"生态城市"的目标，用生态学的原理来进行城市规划和城市景观设计。按照生态美学的要求，基于人与自然的关系，对城市及其周围区域的各组成要素包括城市广场、城市居住区环境、城市园林和城市森林等进行空间、形体、环境方面的设计。在设计中树立保护自然生态系统和文化生态系统的原则。战略性地保护好城市自然和文化生态景观，对维护生物、生态自然美和文化的多样性，对陶冶城市居民的高尚情操和加强精神文明建设，具有十分重要的意义。

综上所述，设计师在设计当中必须有环境的整体观，以环境为设计立意、设计之源，着眼于室内外环境整体，应充分重视生态平衡、环境保护，考虑资源循环以及人与自然、人与环境相协调与和谐的意境。有环境整体意识和可持续发展观念，是现代设计师最根本的专业素质。

（二）树立人性化的环境艺术设计理念

环境艺术设计的目的是通过创造室内外环境来提高人的生活品质，并始终把人对环境的需求，即物质和精神两方面的需求放在设计的首位。树立人性化的设计理念，就是在环境设计中充分考虑人的安全与健康、人际交往等多项关系，满足人们的生理和心理需要，满足人和人际活动的行为模式和使用功能，创造人们需要的环境氛围和心理感受，让使用者的意志得到体现，情感得到关怀。在此基础上，综合解决使用功能、经济效益、舒适美观、环境氛围等方面的问题。

现代环境艺术设计特别重视对人体工程学、环境心理学、审美心理学等方面的研究，用科学的方法深入地了解人们在生理特点、行为心理和环境体验等方面对室内外环境的设计要求。在设计中细微地体察和理解人体和建筑空间之间的关系，尊重人对不同空间和文化氛围的内心感悟和体验，突出人在空间环境中的作用，而不是强调表现空间场所或设计本身。成功的设计往往以人的行为需求为核心，把环境中的人作为设计关爱的对象。

根据不同的人和使用对象，应该相应地考虑他们对环境的不同要求；关注儿童、老年人、残疾人等社会弱势群体，在设计中予以深入细致的考虑。比如，为了设计好老龄人群的室内居住环境，就需要研究老龄人群的住宅空间居住行为特征，对老年人的基本居住状况、在室内空间中的生活规律、使用室内空间的主观感受和心理倾向进行细致调查。通过对调查数据的科学分析，得出不同老龄人群对住宅空间的行为的普遍特征和需求特点。在对老年人的居室环境设计中，可以通过很多细节设计为老年人提供方便，如尽量减少踏步和坡道，电梯的尺寸要考虑轮椅出入方便；楼梯及人行坡道都应安装扶手栏杆；楼梯扶手要连续，不应在拐弯处中断；休息平台上要设椅子，供老人中途休息；浴室、卫生间和卧室的地面不能用光滑的材料；洁具和浴缸处墙壁上要安装扶手；等等。一些公共建筑应顾及残疾人的通行和活动，在室内外高差、垂直交通、厕所盥洗等方面应做无障碍设计，给残疾人提供方便。

在进行室外空间的景观设计时，同样需要把人的活动、人与人之间的交流、人在环境中的体验作为核心来考虑。

室外空间的景观设计除了应综合考虑周围环境、地形、植被、气候、地方文化、历史外，使用者的参与因素也是不容忽视的。因为环境和景观不仅仅是强调美的形式，更多的是人的使用，让人成为其中一部分；环境和景观一旦离开了人的使用便失去了本质的意义。在室内外空间的组织、色彩和照明的选用等方面，更需要研究人的行为心理、视觉感受及环境的舒适度等方面的要求。充分运用物质技术手段和相应的经济条件，创造出更加人性化的室内外环境。人性化的室内设计应该是实用的、经济的、方便宜人的，同时也应该是符合人体尺度和比例的，符合美的规律的，令人感觉亲切和愉悦的。

（三）注重时代感、民族性和地域文化

优秀的建筑和室内外环境，映射着当代社会文化艺术的特征，铭刻着时代的印记。现代室内外空间设计更注重运用现代设计观念与本民族的地域文化相结合，在设计中体现出了时代精神和深厚的文化内涵。

在人类历史的发展进程中，物质技术和精神文化都有着历史的延续性。近十几年以来，由于世界经济一体化的快速发展，国际交往日益增多，人类文明与环境保护更加受到重视。在国际合作规划开发的设计项目中，民族风格和地域风格的文化往往以能显示不同民族的特色而受到青睐。多元化设计观念的兴起，使地方风格鲜明的设计作品更加受到尊重。中国有悠久的历史和灿烂的文化。优秀的环境艺术设计应该从本民族丰富的地方文化中吸取精华，并融入与国际接轨的前卫的设计观念，探索和创作出个性鲜明的设计作品。这里所说的民族性和地域文化，并不能只从形式上简单地去理解，而应从创作思想、平面布局和空间类型，以及更深层次涉及设计哲学等方面广义地去理解。

华裔建筑师贝聿铭设计的苏州博物馆，就吸取了园林建筑和民居的概念。使中国式的地方风格与国际化语汇交融，在国内开创了现代建筑与民族文化结合的典范。贝氏的"北京中国银行"室内空间设计，在四季厅的大空间中运用竹林、山石、流水，结合庭园绿化，在一个现代风格的建筑室内环境中再现中国传统文化的丰富内涵。这些都是在设计中注重时代感并与民族和地域风格相结合的成功范例。

（四）注重科学与艺术相结合

环境艺术设计是建立在现代环境科学研究基础之上的边缘性学科。在创造室内外环境时要高度重视科学性，也要高度重视艺术性，更要重视二者的有机结合。随着社会的发展和科学技术的进步，随着人们审美观和价值观的改变，设计师更加重视在设计中充分运用当代科学技术成果，如新型材料、新的结构、新的技术以及新的设备等。环境艺术设计除了需要设计师在观念上确立科学与艺术并重的价值观外，在设计思维和表现手段上也需要予以重视。比如设计方法的科学化，用科学的方法评价和分析室内外环境的质量，包括视觉环境、物理环境和心理环境以及对于舒适性、健康性等方面的研究。

工程设计时，会遇到各种不同类型和功能特点的室内外空间，如商业空间、办公空间、娱乐空间等。在具体处理上对于艺术和科技的成分可能有所侧重，但从整体的设计观念出发，仍需要将两者很好地结合，才能设计出高品质和不同风格特征的空间环境。如新建的机场、体育馆等高技派建筑。设计师就很重视如何将最新的技术和材料运用到自己的设计之中，重视构件细部、节点大样的推敲和设计，表现出一种理性的结构美，扩展了建筑美学的概念，带来新的建筑理论和新的空间表现形式。设计师要善于和建筑师、工程师合作，共同创新。在设计中充分注重科学性、运用技术手段的同时，又要充分重视艺术性，重视运用美学原理，重视视觉的愉悦感和文化内涵，以满足人的精神和心理需求。

第二节　环境艺术设计原则

环境艺术设计的根本目的是为人们的生活提供一个理想的、合乎生理和心理需求的高品质生存空间。这个空间应该符合自然发展规律。环境艺术设计中合理的空间功能及技术要求完成后，需要进行外在的形态设计。室内家具陈设、照明，室外绿化、环境设施等设计都是环境艺术设计的任务。这些设计任务主要是针对形态、肌理、质感、色彩等造型元素进行有机合理组织的关系艺术，包括材料色彩的冷暖关系、光照强度的对比关系、空间形态的虚实关系、形式体量的大小关系等。整体与局部关系的总体把握是表达艺术形式美感的关键点。外在形态依靠体现视觉与功能之间关系的形态、线条、体块、材质、色彩等要素的有机组织得以表现；视觉与功能之间的关系必须经过有规律的形式美法则训练来把握。形式创造力是合理组织审美能力与形式表达能力的形态创新。环境艺术设计形态从原理上讲是由不同的几何形体组合而成，几何形式的抽象性对于设计而言是抽象美感表达的视觉敏感力再现。因此，即使是最好的设计，不与环境中的其他元素协调起来也是失败的；技术的发挥需要整体的配合，才能产生集体的整合能力。

一、尊重环境自在的原则

环境是一个客观的自在系统，有它自身的特点和发展规律，人类应该尊重它，而不是随意改变它。人类自身也带着自然的属性，也是环境的一部分，和其他元素一起构成自然环境的整体。人类破坏了自然，也就等于破坏了自己。自从有了人类社会，人类为了改善生存环境，开始了对自然的利用和改造。早期的人类活动由于技术能力的限制，只是在有限的条件下进行改造。随着科学和技术的发展,人类开始大量地开发自然资源,建造了大规模的人工环境,违背了自然的规律,生态平衡在一定程度上受到破坏。所以,在进行环境艺术设计时我们应该与环境协调共处,尊重客观规律。环境是一个复杂的、完整的生态平衡系统,是相互牵连的网络关系,对某一局部的破坏就可能引起全局发生变化。从某个角度看,人类的科学技术能力还远远不能掌握和控制自然。只有人与自然和谐相处才是真正尊重自然、尊重人类自身的最佳选择。除了对自然环境的保护外,还应注意对历史环境的保护。我们国家的历史悠久,留有相当多的古建筑和古环境,尽管有些由于年代久远,显得破旧甚至成了废墟,但是古迹是不能轻易地去修复或重建的。虽然破旧,但有沧桑感,供人体验和怀恋。现在有些地方将古迹进行开发后作为旅游景点,不懂古迹的价值,将古迹翻新,实质上是破坏了古迹,破坏了历史环境。因此,在环境艺术设计过程中对于自然环境和历史环境应该予以同样的尊重,尊重它们的自在性。

二、关注精神需求的原则

在当下物质极度膨胀的社会环境中,人们的精神文化日趋匮乏。中国传统美学为现代环境艺术设计注入了新的美学精神。关注精神需求要求现代环境艺术设计不仅要具备一定的艺术性,满足人们的审美要求、情感要求和思想要求,还要通过物化的手段体现其文化性,反映室内外环境的历史底蕴、文化内涵等。此外,还应该反映当地的民风民俗,创作一些具有一定地域性和时代性的设计作品。

不同的艺术形式都有自己存在的准则和价值。环境艺术设计作为一种抽象且立体的艺术形式,它的存在总会承载着某个时代所赋予它的特征,也记录着那个时代人们的审美需求。在当今社会,人们过于强调对物质价值的追求,而忽略了人最原本存在的意义、心灵的寄托、生活的初衷及精神的追求。设计师应把中国传统美学融入当下环境艺术设计创作中，使人们与空间产生一种精神对话，开启对生活深层的探索。

三、注重空间表达的原则

随着社会经济日益繁荣，人们对环境艺术设计的要求也不断提高。最初，建筑空间环境是基于人们生活功能需求逐渐细化产生的。在当下社会中，人们对空间环境的要求不仅仅局限于功能环境的满足，更多的是渴望得到精神享受与自身社会价值的实现。一个空间环境无非就是通过点、线、面等要素有机组合形成的，但这只是手段和方式。我们所要求的理想空间环境并不是一个冰冷的居住机器，而是充满感情和诗意的栖居空间。通过环境艺术设计的塑造和表现，把特定的空间环境情感、意境传递给人们，以此作为环境艺术设计特定的表达方式。人们随着对环境艺术设计体验的变化，在情感和心灵上得到了不同的感受。这种通过环境艺术设计氛围营造出来的时空变换所带来的审美趣味，绝不是单靠具有象征意义的装饰就可以获取的，而是需要深层文化特质的充分体现。

四、科学、技术与艺术结合的原则

环境艺术应该体现当今科学技术的水平和人的审美追求和趣味，将现代科技成果用于构筑理想的环境之中。科学技术与艺术在环境艺术中是既相互制约又相互促进的关系。技术在一定程度上制约着艺术的形象创造，环境中的造型是以实体形态出现的，而物质实体造型通常需要科学理论和技术支持才能得以实现。如建筑空间的跨度在古代是非常小的，以至于稍大的空间内必然会有许多柱子。随着科技的发展，新的结构理论出现，新材料的使用，使建筑空间的跨度越来越大。如今一个可容纳几万人的室内体育场，中间无一柱子，已是司空见惯。这是受益于薄壳、网架等结构技术的出现。艺术是在技术制约的前提下发挥想象力和创造力的，创造的形象应是符合使用审美和文化要求的，而且是合乎技术和科学规律的，这是一般的规律。在实践中，艺术也并不总是受制约和被动的，艺术要求通常可以促进技术的改进和发展。对造型的要求是技术追求和发展的目标。例如，悉尼歌剧院的造型设计是当时的结构技术无法实现的，但是新颖和奇妙的形式让人们希望它能实现。经过结构工程师多年的努力，最终得以成功；同时，也使技术得到进步和提高。设计最合乎需要的造型是我们的目标。技术是手段，是艺术实现的支撑，是科学技术应与艺术的紧密结合，而不应当片面强调某一方面。

五、系统和整体原则

环境艺术是一个系统，它由自然系统、人工系统组成。自然系统又由地形、植物、山水、气候等多方面组成；人工系统则更加多样和复杂，建筑、交通、设备、供水设施、电力照明设施、绿化等都属于人工系统。从环境艺术的构成上说，除实体的元素外，还涉及多门学科和领域的思想观念和意识，是一个真正包罗万象的庞大系统。因此，环境艺术设计必须有一个系统和整体的观念。整体是由局部构成的，但是局部与局部的相加并不等于整体，这是视觉认知的规律之一。格式塔心理学理论对此作过详细的阐述：对一个物的形的认识，不是认识这个物的轮廓所构成的形状，或是它的表现形式，而是去认识物在观察者心中形成的一个有高度组织水平的整体。"整体"是格式塔心理学的核心，它有两个特征：一是整体不等于各个组成部分之和；二是整体在其各个组成部分的性质（大小、方向、位置等）均变的情况下，依然能够存在。例如，一个轮廓上有缺口的圆，人的视觉会自动将其补足而保持圆的整体性；一个三角形，不管它朝向哪一方，人们都能识别出三角形。环境艺术的整体效果，不是各种要素简单、机械地累加，而是各要素相互补充、相互协调、相互加强的综合效应，是整体和部分之间的有机联系。

环境艺术设计的整体还可以分两个不同层次来理解，首先是建筑、道路、绿化、设施等实体元素构成的环境整体，这是客观物质的层面；其次是功能、科技、经济、文化、艺术等要素组成的环境艺术整体，这是深层次理解环境艺术的整体观念。环境艺术整体意识是设计的重要原则，在进行具体设计的时候必须考虑整体，用联系的方式思考局部与整体的关系。

六、尊重民众、树立公共意识的原则

现代环境艺术设计从它产生之日起，就注重它的民众性，无论它的初衷是否出于经济利益的考虑。社会发展到了今天，为百姓服务，为大众的利益考虑，应该已经达成了共识。当今是一个消费的时代，设计不再是设计师强调自己的意愿，强加于人的设计，而是尊重社会公众的意识，由公众来选择的设计。从使用的对象上说，环境艺术设计大多是为使用者、为公众而做的，所以必须听取使用者的意见，征求公众的建议。设计师与使用者的关系应该是明确的。作为设计师不能一味地迎合一些低级要求。设计师应该比使用者和公众有更高的审美眼界，向使用者和公众推出高质量的设计方案，正确地引导使用者和公众。现代社会的环境大多是为公众服务的，所以一定要有较强的民众意识。"公众参与"也不应该是一句口号，而应是实实在在的行动，这是当今社会对民主意识的重视所应该发扬和强调的。尽管在现实中还有许多不尽如人意的地方，忽视民众意愿的现象依旧存在，但设计师应该坚持尊重民众，树立公共意识。这也是现代环境艺术设计的原则之一。

七、形态要素与环境艺术设计相协调的原则

环境中的各种实体与空间都是具体的、可感知的，可以传达复杂的

感情意味和审美信息。而塑造环境的造型艺术，就要对物质形态进行研究。形态要素不能只是随意地组合线条、体块，而应以满足人们的使用功能为目标，并以材料、结构、技术及地域文化特点为基础来限定环境空间。

构成环境艺术的形态要素有形体、材质、色彩、光影等，它与功能、意识等内在因素有着相辅相成的必然联系。作为外在的造型因素，形态是传达设计物功能、意识因素信息的最直接媒介。它的产生受到实用功能的制约，同时又对意识的形式具有重要的反馈作用。它们之间的关系应该是意识产生功能，功能决定形式，形式反映意识。

造型因素的形态有两个层次的意义：一方面是指某种特定的外形，是物体在空间中所占的轮廓，自然界中一切物体均具备形态特征；另一方面还包括物的内在结构，是设计物的内外要素统一的综合体。

形态可分为具象形态和抽象形态两种类型。具象形态泛指自然界中实际存在的各种形态，是人们可以凭借感观和知觉经验直接接触和感知的，因此又称为现实形态。抽象形态包括几何抽象形态、有机抽象形态和偶发抽象形态，是经过人为的思考凝练而成的，具有很强的人工成分。抽象形态又称作纯粹形态和理念形态。

对环境形态要素之间的相互关系的控制与把握，是通过对各个具体要素分析后的综合。"这不是一种被动的，或把其中混杂的特征一个一个地识辨出来，而是对其具体细节进行积极地、有选择地审视和组合。首先把模糊地感觉到的复杂性形式分解为一个一个的部分，然后再把这些部分组织成一个有机的整体。"这种思想是建立在对局部分析后的综合及在综合分析的基础上对各个局部的再次分析。以下从形体、色彩、材质和光影四个方面分析环境形态要素：

（一）形体

我们在构建环境空间时，必须通过有形的实体来限定出无形的空间。

实体与空间是相互依存的。形体是由点、线、面、体和形状等基本形式构成的。

形是客观的，但又带有一些主观成分。对于环境而言，形是具体的、客观的，是环境形态的基本组成部分。但是人们对不同的实体形态有着不同的感受，我们在感受实体与空间的时候，会产生柔和、细腻、流畅、宁静、冷酷、紧张等不同的心理感受。

环境形体又分为静态形体和动态形体。环境空间形体一般都是静态的造型。我们通常通过流动的视点、倾向性张力的处理，去观赏静态形体，而使环境中的静态形体通常表现出动态之美。

（二）色彩

色彩作为环境形态的基本要素，却不能独立存在，必须依附在形体的基础上才能表现出它的优势。色彩是环境中最生动、活跃的要素，通常给人以最直观的视觉印象和可识别性。色彩的节奏感与层次感以及色彩中的色相、明度、纯度的应用，给环境添加了无穷的魅力。色彩在人的生理和心理上起到了特殊的作用，使它成为传达事物信息的重要形式。色彩要与形相一致，与环境相协调，既要做到整体色调的统一，又要积极发挥色彩间的对比效应；做到统一而不单调，对比而不杂乱，从而创造出良好的环境空间。

（三）材质

材质在审美过程中主要表现为肌理美。人们在和环境的接触中，肌理起到了心理上和精神上引导和暗示作用。

材质是由物体表面的三维结构产生的一种特殊品质。它最常用来形容物体表面的粗糙与平滑程度，也可用来形容物体特殊表面的品质，成为环境艺术设计中重要的表现性形态要素。

（四）光影

光与照明在环境艺术设计的运用中越来越重要，是环境艺术设计中营造性的形态要素。光不仅起到照明的作用，作为界定空间、分隔空间、改变室内环境气氛的手段，同时还具有表现、装饰、营造空间格调和文化内涵的功能，是集实用性和文化性为一体的形态要素。

八、创建时空连续的原则

环境艺术是一门兼有时间和空间性质的实用性艺术，是由自然要素和人文要素共同构成的。从自然方面说，任何环境都处在特定的自然条件下，受到当地的地理、气候和材料技术及物质条件的制约和影响，也由此形成各自不同的地域差别，如各地形态各异的民居就是最为典型的例子。当然，各地区人们的思想观念、道德伦理、宗教信仰、审美意识和各种人文因素也对环境的创造产生巨大的影响。因此从空间角度看，环境艺术带有鲜明的地域性。从时间角度看，环境艺术作为一种文化类型有着很强的传承性质，一个时代的风格和特点总是受着上一代的影响，但同时也会烙上当代的明显印记，这是时间的连续性。人类文明总是在前人的基础上继续发展和进步，环境艺术设计注重对传统的继承和对未来的延续。环境艺术是一个动态发展的过程，永远在一个不断的新旧交替中，在一个变化的过程中。这种变动是一种积累，它既有传统的东西，又不断有新的内容补充；新旧共生于同一载体内，相互融合，共同发展。每一特定环境是对一个时期和一个区域的物质和精神文化的真实记录。从某种意义上说，环境艺术的发展史就是一部记录人类文明的发展史。任何事物都是在否定之否定的规律下发展的，舍弃不利于自身发展的因素从外吸收养分，促进新陈代谢，有机更新。环境艺术也需要在这种积极的发展规律下吸收外来的合理成分，改善自身的机能，促进自身的发展。

九、可持续发展的原则

人类开发和利用自然资源和能源的目的是为了改善自己的生存环境，但是过度的开发和毫无节制地滥采导致了自然环境的破坏，结果必然是损害了人类自身。自然资源和能源不是轻易就能再生的，有些根本就是不可再生的。例如石油、煤等。即使像木材等可以再次生长的植物也需要相当长的生长周期，而人类现在利用自然资源的速度要远比自然生长的周期快得多，如此下去的结果必然是资源的枯竭。对自然的开发和利用以及由此带来的废气、废物等又造成环境的污染，甚至废弃的产品又会出现对环境的再次污染，导致了生态环境的改变；并且，需要提醒的一点是，许多环境一旦破坏，就有不可复现的性质。一些原本是植物茂盛的绿地，由于水土的流失而成为荒漠，寸草不生的例子无论在我国还是在世界其他一些国家都相当普遍，教训是深刻的。所以，我们在利用自然资源的时候，应该考虑未来，考虑生态的平衡，考虑可持续发展的可能。"绿色设计"和"可持续发展"不应该仅仅挂在嘴上，而是要付诸具体的行动；可持续发展的原则在环境的建设中具体体现在保持自然原本的生态，不要肆意破坏自然，不能大面积地砍伐森林和铲除绿地。在环境艺术设计中，对建设材料的选用也应该尽量采用可再生的植物，以及可再利用的材料和没有环境污染的材料。总之，为了人类自己，对自然的开发和利用应慎之又慎。

十、形式美原则

形式美是一种具有相对独立性的审美对象，它与美的形式之间有质的区别。美的形式是体现符合规律性与目的性的、统一的、那种自由的感性形式，也就是显示人的本质力量的感性形式。形式美与美的形式之间的重大区别首先表现在它们所体现的内容不同。美的形式所体现的是它所表现的那种事物本身的美的内容，是确定的、个别的、特定的、具体的，并且美的形式与其内容的关系是对立统一、不可分离的；而形式美则不然，形式美所体现的是形式本身所包容的内容，它与美的形式所要表现的那种事物美的内容是相脱离的而单独呈现出形式所蕴含的朦胧、宽泛的意味。其次，形式美和美的形式存在方式不同。美的形式是美的有机统一体不可缺少的组成部分，是美的感性外观形态，而不是独立的审美对象；形式美是独立存在的审美对象，具有独立的审美特性。

构成形式美的感性质料组合规律，即形式美的法则主要有齐一与参差、对称与平衡、比例与尺度、主从与重点、过渡与照应、稳定与轻巧、节奏与韵律、渗透与层次、质感与肌理、调和与对比、多样与统一等。这些规律是人类在创造美的活动中不断熟悉和掌握各种感性质料因素的特性，并对形式因素之间的联系进行抽象、概括而总结出来的。

探讨形式美法则，是所有设计学科共通的课题。在日常生活中，美是每一个人追求的精神享受。当接触任何一件有存在价值的事物时，这种共识是从人们长期生产、生活实践中积累的，它的依据就是客观存在的美的形式法则，称之为形式美法则。在人们的视觉经验中，高大的杉树、耸立的高楼大厦、巍峨的山峦尖峰等，它们的结构轮廓都是高耸的垂直线，视觉形式上给人以上升、高大、威严等感受；而水平线则使人联系到地平线，如一望无际的平原、风平浪静的大海等，因而产生开阔、徐缓、平静等感受。这些源于生活积累的共识，使人们逐渐发现了形式美的基本法则。时至今日，形式美法则主要有以下几条：

（一）和谐

宇宙万物，尽管形态千变万化，但它们都各自按照一定的规律而存在。大到日月运行、星球活动，小到原子结构的组成和运动，都有各自的规律。爱因斯坦指出："宇宙本身就是和谐的。"和谐的广义解释是：判断两种以上的要素或部分与部分的相互关系时，各部分所给人们的感受和意识是一种整体协调的关系。和谐的狭义解释是：统一与对比两者之间不是乏味单调或杂乱无章。单独的一种颜色、单独的一根线条无所谓和谐，几种要素具有基本的共通性和融合性才称为和谐。比如一组协调的色块，一些排列有序的近似图形等。和谐地组合也保持部分的差异性，但当差异性表现为强烈和显著时，和谐的格局就向对比的格局转化。

（二）对比

对比又称对照。把反差很大的两个视觉要素成功地配列于一起，虽然使人感受到鲜明强烈的感触而仍具有统一感的现象称为对比。它能使主题更加鲜明，视觉效果更加活跃。对比关系主要通过视觉形象色调的明暗、冷暖，色彩的饱和与不饱和，色相的迥异，形状的大小、粗细、长短、曲直、高矮、凹凸、宽窄、厚薄，方向的垂直、水平、倾斜，数量的多少，排列的疏密，位置的上下、左右、高低、远近，形态的虚实、黑白、轻重、动静、隐现、软硬、干湿等多方面的对立因素来达到。它体现了哲学上矛盾统一的世界观。对比法则广泛应用在现代设计当中，具有很大的实用效果。

（三）对称

自然界中到处可见对称的形式，如鸟类的羽翼、花木的叶子等。所以，对称的形态在视觉上有自然、安定、均匀、协调、整齐、典雅、庄重、完美的朴素美感，符合人们的视觉习惯。平面构图中的对称可分为点对称和轴对称。假定人体的黄金分割比在某一图形的中央设一条直线，将图形划分为相等的两部分，如果两部分的形状完全相等，这个图形就是轴对称图形，这条直线称为对称轴。假定针对某一图形，存在一个中心点，以此点为中心通过旋转得到相同的图形，即称为点对称。点对称又有向心的"求心对称"、离心的"发射对称"、旋转式的"旋转对称"、逆向组合的"逆对称"以及自圆心逐层扩大的"同心圆对称"等。在环境艺术设计中运用对称法则要避免由于过分绝对对称而产生单调、呆板的感觉。有的时候，在整体对称的格局中加入一些不对称的因素，反而能增加构图版面的生动性和美感，避免单调和呆板。

（四）衡器

在衡器上两端承受的重量由一个支点支持，当双方获得力学上的平衡状态时，称为平衡。在平面构成设计上的平衡是根据形象的大小、轻重、色彩及其他视觉要素的分布作用于视觉判断的平衡。在环境艺术设计的平面构图上常以视觉中心（视觉冲击最强的地方的中点）为支点，各构成要素以此支点保持视觉意义上的力度平衡。在实际生活中，平衡是动态的特征，如人体运动、鸟的飞翔、野兽的奔驰、风吹草动、流水激浪等都是平衡的形式。

（五）韵律

韵律原指音乐（诗歌）的声韵和节奏。诗歌中音的高低、轻重、长短的组合。匀称的间歇或停顿，一定地位上相同音色的反复几句及句末、行末利用同韵同调的音响，用以加强诗歌的音乐性和节奏感，就是韵律的运用。环境艺术设计的平面构成中单纯的单元组合重复易于单调。由有规则变化的形象或色群间以数比、等比处理排列，使之产生音乐、诗歌的旋律感，称为旋律。

（六）联想

环境艺术设计平面构图的画面通过视觉传达而产生联想，达到某种意境。联想是思维的延伸，它由一种事物延伸到另外一种事物上。例如，图形的色彩，红色使人感到温暖、热情、喜庆等；绿色则使人联想到大自然、生命、春天，从而使人产生平静感、生机感、春意等。各种视觉形象及其要素都会产生不同的联想与意境，由此而产生的图形的象征意义作为一种视觉语义的表达方法被广泛地运用在平面设计构图中。

第三节 环境艺术设计要素

一、环境艺术设计主体要素分析

（一）空间环境的界面要素

界面装饰由底面装饰、侧面装饰、顶面装饰三个部分构成。界面装饰是在两个层次上进行的，装修设计实际是完成了第一层次的装饰，在装修设计完成的基础上，对界面进行张贴、悬挂、铺设等是第二层次的装饰。就环境艺术设计而言，界面装饰是为了美化环境艺术设计而进行的，并不是所有空间环境的界面都需要进行装饰，这取决于业主对设计和审美的要求。换句话说，界面装饰需要满足功能和审美的双重要求。各界面有各自的功能和结构特点，满足了不同的物质和精神需求，设计时对形、色、光、质等因素的处理也各不相同。

1. 空间环境的界面组成

（1）地面。地面是指空间环境中的底界面或底面，建筑上也称为楼地面。地面作为空间环境的承重基面，是空间环境的主要组成部分，也是人们日常生活接触最多的面。地面的处理形式可根据其功能区域进行划分，如门厅地面在图案设计上可采用具有引导性的图案；在材质选择上应注意其耐磨、防滑、易清洁等功能特点。空间环境地面常采用的装饰材料有地板类、地砖类、石材类等。其中，地板类材料有木地板、竹地板、复合地板、塑胶地板等；地砖类材料有陶瓷地砖、马赛克地砖等，石材类材料有天然花岗石、人造石材等。

（2）墙面。墙面是指空间环境中的墙面（包括高隔断），具有隔声、吸声、保暖、隔热等基本功能。因为墙面正好处在人的最佳视线范围内，是视线集中的地方，所以也是设计师关注、重点表现的地方。在满足基本功能的前提下，墙面可以满足不同形式如直、弧、曲等的塑形需要。空间环境墙面能选择的材料种类繁多，如石材、木材、玻璃、金属、塑料、墙纸、涂料等。在材料选择上根据需要，可以不拘一格。

（3）顶面。顶面指的是空间环境中的顶界面，在建筑上也称为天花或顶棚、天棚等。环境艺术设计的高度会影响室内环境的体验效果，过高和过低给人的感觉都不好。太高的空间会产生空旷感、冷漠感，太低会形成压抑感，只有适中的高度才会产生亲切感。因此，在进行顶面设计时，高度要适中，造型要以简洁为主，避免造型杂乱压顶，使人感觉不适。顶面与地面是相互呼应的两个界面，在对顶面进行处理时，往往要先对空间环境功能进行充分地考虑，顶面造型的处理应与地面的功能及陈设遥相呼应。

2. 空间环境的界面处理手法

（1）运用结构表现。通过物体呈现出的结构韵律来表现空间特质。

（2）运用材质表现。通过材质呈现出的不同的肌理效果和材质间的变化所产生的美感来表现空间特质。

（3）运用光影表现。通过灯的形、色、光的综合艺术效果来表现空间特质。

（4）运用几何形体表现。运用圆锥体、球体、长方体等几何形体的自身特点和排序来表现空间特质。

（5）运用面与面之间的过渡表现。通过面与面的过渡处理来表现空间特质。

（6）运用图案表现。运用具有代表性的图案来表现空间特质。

（7）运用倾斜地面表现。通过使用倾斜地面来表现空间特质。

（8）运用自然形态表现。运用乱石、瀑布、水纹等自然形态来表现空间特质。

（二）空间环境的家具要素

空间环境中家具的选取和布置是环境艺术设计中一个至关重要的内容。家具既具有实用功能，同时又具有艺术审美性，是一种普及的大众艺术品。它既要满足某些特定的用途，又要满足人们的观赏审美，使人在接触和使用它的过程中满足产生某种审美快感和引发丰富联想的精神需求。此外，家具还能反映不同时期、不同国家和地域的历史文化和审美追求。家具的风格，通常能够奠定其所在空间环境的基本风格基调。家具通过与人相适应的尺度和优美的造型样式，成为空间环境与人之间的一种媒介性过渡要素。它使虚空的环境变得更适宜人们居住、工作和生活。

选择空间环境的家具时，常从家具的功能和家具的审美性两个方面考虑。在家具的功能方面，应从空间环境在使用时的功能性、舒适性及安全性进行考虑；在家具的审美性方面，应从空间整体环境、风格定位，家具的色彩、质地、造型、风格、布局和搭配因素与环境艺术设计氛围营造等方面进行考虑。选择室内家具的过程可简单归纳如下：

1.考虑家具功能与定位

家具的选择与布置要结合使用者的使用要求及现有空间环境要求。家具体量不宜过大，也不宜过小。要具备足够放置家具的空间环境，放置位置动静分区合理，确保人流动线畅通，提高家具使用的效率，并能通过家具的布置有效地利用和改善空间环境。

2.注重家具造型及风格统一

家具造型与风格的选择是以空间环境整体氛围及风格定位为指导的。因为家具自身带有一定的艺术造型语言，具有一定的风格倾向，对空间环境整体风格的形成起着重要作用。家具造型与风格的选择和空间整体环境是相互联系、相互制约的。在选择时，应以空间整体环境风格为指导，正确选择、设计家具的造型及风格。

3.强调家具色彩与质地协调

家具的色彩和质地对环境艺术设计氛围的营造起着重要作用。家具色彩及质地的选择应站在空间环境整体环境色彩的角度进行总体控制与把握，一般应与空间环境整体环境色彩统一、协调。

（三）空间环境的灯具要素

1.照明的光

在环境艺术设计中，往往利用灯具的光影效果营造中国传统美学意境氛围。在中国传统空间环境中，自然光透过花窗映入室内环境，形成斑驳的光影，活化了空间环境，烘托了氛围。在现代环境艺术设计中，自然光作为构图要素同样可以烘托环境氛围，满足人们渴求自然与体味审美的心理需求。此外，合理的灯具选择及对光源的正确运用能够为环境艺术设计增添色彩和光影效果并能形成一定的韵味。灯具也是环境艺术设计中一种必不可少的设计元素。灯具既要满足功能的需要，即照明的需要，同时又要在造型和装饰上与空间环境的装饰风格相协调。恰当地利用灯具和灯光能够烘托空间环境氛围，为室内环境艺术设计起到画龙点睛的作用。

人类在和自然光相处的时间里，并非保持着一成不变的态度。在白天，环境艺术设计对自然光的运用将决定人们的生活效率，人们会根据自然光的强弱来选择空间环境。由于建筑结构和自然光之间的制约，存在白天自然光较弱的空间环境。人工灯具照明的出现，不仅改善了这种局面，甚至使人们可以在完全没有自然光的条件下正常工作。在这一转变过程中，人工灯具照明被运用得淋漓尽致；空间环境的格局也发生了较大的变化，生活也变得空前的丰富多彩。但时至今日，人工灯具照明带来的问题似乎比带来的快乐要多得多。环境艺术设计中人工光的大量塑造所换来的是自然资源能耗的殆尽、环境问题的危机和人为使用的浪费，这对我们赖以生存的地球来说无疑是毁灭性的。在现代环境艺术设计过程中，我们应当寻求具有中国传统美学意境的灯具照明设计，探寻人和场所之间的审美精神。

具有中国传统美学意境的空间环境是以人为本的。光作为自然引领人类的生存美学，是顺应自然的美学哲理所在。人们利用人工光的模式是从人类和自然光相处的经验中得到的智慧启发。自性自度，在于提倡人们提高自身的修养去面对生活。直视生命被践踏，甚至以自我为出发点对生命进行迫害的人，都不该轻易被原谅。人们应通过自我反省、自我约束进入生活当中，守住道德底线，达到顺应自然之意。"世俗无眼，莫见道真；如少见明，当养善意。"（《法句经》世俗品第二十一）这是一句至理禅语，意思是说，世人没有慧眼，不能领悟正道；假如稍微见识明亮，便当育养向善心意。真正智慧的人是不会去追求小利、计较当下的，我们应当放眼长远，从小事做起，以全人类的幸福为己任。自然法则在于生命的循环和可持续发展，人与自然是有新陈代谢、可以交融和共生的。最大限度地建立人工照明的自我循环、再生系统，形成对地球自然资源的保护和生存环境的恢复，需要以自然光来代替人工光的转化与自然光人造化。人工光的能量来源除了电能，还应考虑其他自然资源的原动力。如将太阳能转化为电能或其他能量，代替自然资源的开采和使用，也是人工照明的发展方向。我们应积极追求以自然促进人工的方式来改变我们的生活现状，形成良性循环。这是禅意空间对以人为本的现实态度，也是对人和自然永续发展的基本观念。

运用人工照明在于满足人们的正常生活所需，它真正按照人们的行为习惯被运用在了环境艺术设计中。如瑞士贝耶勒基金会美术馆中，人工光是以模仿自然光的形态出现的。人们在美术馆中参观游览，几乎察觉不到人工光的存在，更注意不到人工光的位置。空间中均匀地布置了自然柔和的光环境。设计师这样做的目的和美术馆的功能有关。人们可以在这样不被打扰的室内环境中专注地欣赏美术作品，在不经意间感受着人工雕饰的美，这里人工光的运用体现了人们尊重和效仿自然光的行为。控制人工光可以打破自然的变幻无常，创造恒定舒适的环境供人们生活。随着人工智能化的发展，通过电脑的控制可以利用人工光配合自然光的方式营造完美的光环境。位于德国慕尼黑的现代艺术陈列馆，就是运用智能控制人工光结合自然光的方式来调节空间光环境的亮度和色彩的，甚至连阴影的位置和变化都可以人为去创造。在空间环境中创造理性的照明，使得人们感受不到环境艺术设计中空间意境塑造的人工痕迹，所有空间都透露着自然的效果，人们分不清哪里是人工，哪里是自然；体现了空间光环境的发展方向取决于以人为本的观念。

2.意境的光

中国传统美学意境空间的营造是人们走向心灵解脱的一个过程，同时也是人们回归自然、恢复自然的一条捷径。光环境的设计，旨在唤醒人们以感恩的态度，从关爱生命开始，自性而发地面对自然环境所带来的恩惠，从而得到某种觉悟；改变人们看待事物的角度，使人们学会换位思考并用心去和自然相处。这体现在环境艺术设计运用自然光或人工光去感化人们，继而发展人工照明的问题上。

由于意的出发点不同，环境艺术设计的观念也将随之改变。继承和发展中国传统美学，学习自然、顺应自然，将自然运用在环境艺术设计当中就会产生焕然一新的感觉和回归自然的喜悦，这正是东方美学所呈现的基本思想和独特审美。当我们每天面对来自方方面面的烦扰的时候，疲惫不堪的心十分需要舒适的环境，我们会情不自禁地想到走进大自然，享受阳光和新鲜的空气，这是我们获得快乐的方式。纯净、安宁的环境能使我们释放压力和烦恼，中国传统美学的意境空间就是这样。

（四）空间环境的绿化要素

绿色的植物让我们联想到大自然，使我们放松心情，忘却烦恼；光合作用产生的新鲜氧气，使我们振奋精神，保持清醒；"疏影横斜水清浅，暗香浮动月黄昏"所表现的不仅仅是实景，更多的是一种高洁、高

27

雅的氛围，令人回味无穷；"绿肥红瘦"用植物季相的变化把伤春之情、恋春之意表现得淋漓尽致。可以说，东方美学中的植物景观在某种程度上已与东方人的审美情趣、思想意识融为一体，是东方文化的一个组成部分。

在环境艺术设计中，绿化已经成为一种不可或缺的元素。将绿化引入空间环境，不仅使绿色植物参与空间环境的组织，使空间环境更加完善，还能协调人与自然环境的关系，使人不会对建筑产生厌倦，使环境艺术设计兼有自然界外部空间的要素，达到内外环境的融合和过渡。同时，利用绿化扩大和美化空间环境，给环境艺术设计带来了生命力，为空间环境装饰增添了活力。环境艺术设计中，设计师往往通过利用绿化要素，最大限度地发挥其特点和优点，引入和再现自然景观，来创造宜人的居住、生活环境，赋予空间环境以勃勃生机，更好地体现了装饰艺术的美和魅力。

二、环境艺术设计审美要素分析

（一）整体美

整体是指整个事物或组织的全部，是与局部相对而言的。整体美即以整体和谐为美。这种观点源于中国传统美学中的整体意识，与西方古典美学强调的个体美形成了鲜明的对比。

从环境艺术设计的审美角度来看，环境艺术设计的审美意境源于多种要素的组合。将最基本的点、线、面及色彩、材料、造型等要素，通过一定的、可以感知的外部媒介共同作用而构成的统一体。在环境艺术设计中，强调整体美即是通过综合分析，把影响设计的各个要素在设计中形成一个有机统一的整体，充分考虑各个要素之间的相互联系和影响，最大限度地发挥各要素的作用，做到各要素的运用均恰到好处。

（二）功能美

　　环境艺术设计是一项集艺术创作和设计技术于一体的设计活动。换言之，环境艺术设计既要有追求艺术美感的一面，同时还要有符合技术技艺要求、满足功能要求的一面。由此，我们提出功能美这样一种审美理念。

　　功能是指对象满足需求的属性，在环境艺术设计中的功能则指的是设计对象内在的物质基础必须具备的、现实的实用价值。功能美是技术美的主要内容。在环境艺术设计中，功能美最基本的目的是满足人类生活的需要，即满足人们对功能的需要。设计师必须把人对环境的需要作为设计的第一目的，在符合功能需求的前提下进行功能设计。

　　环境艺术设计中对审美的追求历来都有很多，功能美是其中最基本的审美特征之一。环境艺术设计需要以人为本，从实际出发。需要综合考虑人文、环境、社会、科技、经济等多个方面的因素；环境艺术设计需要满足人们物质和精神两个方面的需求。只谈物质不谈精神则过于呆板，只谈精神不谈物质则过于片面；将这两个方面相互融合、协调发展是最优选择，在此基础上阐述功能美则更加科学合理。此外，环境艺术设计中还应高度重视艺术与科学的融合。社会的发展、科技的进步、人们的价值观和审美追求的提升都是影响环境艺术设计的重要因素。这些因素的不断发展，促使环境艺术设计必须重视和运用现代科学技术以创造具有功能美和感染力的空间环境。

　　随着人们审美意识的不断提高，环境艺术设计呈现出一种多元化发展的局面，设计风格可谓百花齐放、日新月异。但不论什么样的风格、什么样的流派，在设计中最根本、最重要的一条就是要符合人们对功能的需要。环境艺术设计中，创造符合功能美的设计是至关重要的，只有满足人们功能需要的同时又给人以美的感受，才能使环境艺术设计不断发展和完善。

（三）形式美

形式美是指构成事物物质材料的色彩、形状、线条、声音等自然属性及其节奏与韵律等组合规律所呈现出来的审美特性。

从单纯的形式美来说，形式美不依赖于其他内容，是一种具有相对独立性的审美意境。但是，环境艺术设计的形式美属于一种依存美，换言之，环境艺术设计的形式美必须与功能美紧密结合，才能称之为设计的形式美。环境艺术设计的形式美，充分体现了设计师的创意和构思。它不是孤立存在的纯欣赏性的概念，而是需要通过一定的艺术设计和技术创作手段及人们的审美意识来完善的。从抽象的形式美到这样一种具体的环境艺术设计形式美的物化过程，也是形式美一个不断发展的过程。环境艺术设计的形式美与其他事物的形式美一样，都应遵循共同的美学法则即形式美法则。形式美法则是在人类的审美积淀和漫长的社会实践中不断提炼和总结出来的美学规律。人们运用形式美的规律去适应和改造自己的生活，如比例、尺度、均衡、统一、节奏与韵律等。这些美学规律也同样适用于环境艺术设计。当然，形式美法则是随着时代的发展而不断发展的，这就要求设计师在遵循形式美法则的基础上，充分发挥主观能动性，从实际出发，将形式美与功能美结合起来，综合分析并灵活运用。

环境艺术设计使精神文明与物质文明密切相连，人们通过设计来改造生活、改善环境、加强物质基础。在形式美审美特征的视角下，人们对环境艺术设计也有了更为广阔和全面的视野。人们不仅关注色彩、造型、风格等设计要素，并且通过全面整合来实现整个设计的完整性和艺术性，呈现环境艺术设计的文化艺术内涵。环境艺术设计的目的是满足人们的需要，室内环境风格和形态的发展是无止境的，没有永恒的美，也没有永恒的丑。人的审美在不断变化，环境艺术设计的审美也没有极致和终点。这就要求人们正确认识形式和审美的关系，以美为尺，设计富有形式美的环境艺术设计作品。

（四）特色美

随着经济、技术的发展，人们审美意识的提高，环境艺术设计不但要满足功能和技术上的要求，还要注重在设计过程中呈现出具有特色的艺术美感。环境艺术设计不能只停留于千篇一律的形式上，对特色的追求要与日俱增。我们可以看到，在许多著名的环境艺术设计作品中都能找出一个共同的特点，那就是特色，并且这种典型的特色会给人留下非常深刻的印象。环境艺术设计的发展需要追求特色，追求设计中的创意。环境艺术设计的特色美在于设计师在设计过程中有意地加以创造，不断发展和增强设计中的特色和创意。设计师需要对环境艺术设计有宏观把握，需要善于处理环境艺术设计各个要素之间的关系，并且能够在满足功能美的基础上追求特色美。

第四节 环境艺术设计的基本目的与发展趋势

一、环境艺术设计的基本目的

（一）使用性和精神性

环境艺术设计的首要目的是通过创造室内外空间环境为人服务，始终把满足人们的使用需求和精神需求放在首位，综合解决使用功能、经济效益、舒适美观、艺术价值等各种要求。这就要求设计者具备人体工程学、环境心理学和审美心理学等方面的知识，科学地、深入地研究人们的生理特点、行为心理和视觉感受等因素对室内外空间环境的设计要求。

1943 年，美国人文主义心理学家马斯洛在《人类动机理论》一书中提出了"需要等级"的理论。他认为，人类普遍具有五种主要需求，由低到高依次是：生理需求、安全需求、社会需求、自尊需求和自我实现需求。在不同的时间、不同的环境，人们各种需求的强烈程度会有所不同，但总有一种需求占优势地位。

这五种需求都与室内外空间环境密切相关。如生理需求与空间环境的微气候条件，安全需求与设施安全、可识别性等，社会需求与空间环境的公共性，自尊需求与空间的层次性，自我实现需求与环境的文化品位、艺术特色和公众参与等，可以发现它们之间都有一定的对应性。只有当某一层次的需求获得满足之后，才可能实现更高一层次的需求。当一系列需求的满足受到干扰而无法实现时，低层次的需求就会变成优先考虑的对象。因此，环境空间设计应在满足较低层次需求的基础上，最大限度地满足较高层次的需求。随着社会的发展，人的需求亦随之发生变化，使得这些需求与承担它们的物质环境之间始终存在着矛盾。一种需求得到满足之后，另一种需求又会随之产生。正是这个永不停息的动态过程，才使得建设空间环境的活动和研究也始终处于不断发展中。

（二）地域性和历史性

既然城市空间总是处于一定地域和时代的文化空间，就必然离不开地域的环境启示，也不可能摆脱时代的需求和域外文化的渗透。各个地区文化不同，设计原则也必定不同。虽然在功能性、合理性方面各地区存在共同点，但是，在历史、传统和地区文化方面必须承认其多样性。可以说，地域差异是永远存在的，不同区域的文化差异同样应得到尊重；外来文化和本土文化的冲突与协调，对推进城市空间文化的发展同样重要。例如同样是院落式住宅，中国北方民居多采用宽敞的四合院，以获得更多的日照；而南方民居则更多采用天井式住宅，以利于遮阳通风。建筑材料的运用也能体现出地域特征，在我国少雨的陕北地区，地形多高差，多黄土层，因此冬暖夏凉的窑洞是良好的居住形式；而西南地区潮湿多雨，利于竹子的生长，傣族竹楼也就应运而生了；四川盆地多是山地丘陵，且炎热多雨、阴雾潮湿，因此，与许多地区封闭严密的形式相反，该地区住宅相对开敞外露、外廊众多、深出檐、开大窗，给人以舒展轻巧的感觉。除此之外，环境艺术还反映居民的生活方式、传统习俗和文化观念。我国西北部的蒙古高原上轻便易携、易拆易装的蒙古包反映了游牧民族逐水草而居的迁徙生活方式。

当今世界，尽管各民族都有自身的利益，但不同民族的存在和文化正受到比以往任何时候都更大的尊重；同样，在每个民族内部，不同的价值选择也应受到更多的尊重。因此，在发展中国家，虽然现代模式适应社会的快速发展，但复兴民族传统文化的愿望使得地域主义表现出非凡的活力。而且，在不同民族，文化与价值观念中，艺术可以显示出特有的宽容，自然充当了交流的纽带，使不同的文化交织在一起。这就要求我们不仅要提高对相同文化和地域文化的研究，还要以自己的文化成就，构建新时代的具有文化内涵的环境空间。亨德里克·威廉·房龙在《人类的艺术》一书中指出："各种风格，不论建筑的好坏，音乐也好，绘画也好，都一定代表某一特定时代的思想和生活方式。"时代不同，艺术也不同。反而言之，环境艺术也让我们看到一定历史时期特定的社会生活特征。

（三）科学性和艺术性

从建筑和室内设计的发展历程来看，新的风格和潮流的兴起总是与社会生产力的发展水平相适应的。社会生活和科学技术的进步，人们价值观和审美观的转变，都促进了新材料、新技术、新工艺等在空间环境中的运用。环境艺术设计的科学性，不仅体现在物质和设计观念上，还体现在设计方法和表现手段上。

环境艺术设计需要借助科学技术，来达到艺术审美的目标。因此，人性化的科技系统将被更多的设计师掌握。这说明了环境艺术设计的科技系统具有丰富的人文科学内涵和浓厚的人性化色彩。自然科学的人性化，是为了消除工业化、信息化时代科学对人的异化、对情感的淡忘。如今节能、环保等许多前沿学科已进入环境艺术设计领域，而设计师设计手法的电脑化以及美学本身的科学化，又开拓了室内设计的科学技术天地。

建筑和室内环境正是这种人性化、多层次、多维度的综合，是实用、经济，技术等物质性与美的综合，受各种条件的制约。因此，没有高超的专业技巧，同样难以实现从物质到精神的转化。

二、环境艺术设计的发展趋势

（一）理论发展方面

理论发展层面对环境艺术设计的发展进步起着直接的决定性作用。它的方向与发展趋势不是个人思考的结果，而是在经过了无数次讨论与研究，从理论到实践，再由实践返回到理论的不断反复纠正的过程中形成的，具有严谨性。

1.多学科的广泛交流与合作

这种发展趋势是相对于学科发展初期的单一性与封闭性而言的。在前面的内容中我们已经了解到，环境艺术设计的学科维度很广泛，与其他各学科交叉的内容非常多。仅靠自身的发展免不了会把自己困在一个狭小的范围内。在强调信息资源共享与广泛传播的今天，只有广泛交流与合作才是发展的正确之路。在思想上重视其他相关学科的理论，关注其发展动向，吸收其最新的、科学的理论成果，并运用到环境艺术设计中来。其中不排斥在这个过程中有讨论、探究、思想的激烈交锋甚至于否定。这符合科学的发展观，对学科的发展是极其有利的。

现今信息的快速共享与流通使环境艺术设计能够及时接触到最新、最前沿的发展理念，也可以及时从其他相关学科中汲取营养。与多学科进行广泛交流、学习与合作是环境艺术设计的发展趋势之一。

2.由专业细分带来的高、精、深的理论发展

在发展初期，环境艺术设计的专业划分情况并不十分明晰，具有很大的局限性，不够全面。各种理论探索也都处于初级阶段，都是从基本方面，从大的方向上进行简要概括与研究，如对于基本概念的争论，对于设计内容的探讨，对于简单施工工艺的反复摸索研究等。今天的环境艺术设计，相较以往的显著特点之一就是专业划分更明确，专业人员的工作更细化。这种趋势还将进一步发展并且成为未来一项重要的发展趋势。专业细化可以使人们更多地关注较小的范围，由此带来理论发展新的境遇。高是有一定高度，不再只是停留在基本层面；精是精细、严谨。相信只要在专业细分的条件下，人们的力量会更加集聚。发展高、精、深的理论已经成为环境艺术设计的发展趋势之一。

3.生态文明与可持续发展的价值取向

生态文明是人类文明的一种形态，是指以尊重和维护自然为前提，以建立可持续的生产方式和消费方式为内涵，以人与自然、人与人、人与社会和谐共生、良性循环、全面发展、持续繁荣为基本宗旨，以引导人们走上持续、和谐的发展道路为着眼点的文化伦理形态。

生态文明强调人的自觉与自律，它基于人类对长期以来主导人类社会的物质文明，特别是工业物质文明的反思。人类必须从追求物质财富的单一性中解脱出来，拥有更高的理想，追求更加丰富的精神生活，才可能实现人类社会的全面发展。20世纪七八十年代，随着全球范围各种环境问题的加剧，各种环保运动逐渐兴起。在这种情况下，1972年联合国在斯德哥尔摩召开了有史以来第一次"人类与环境会议"，讨论并通过了著名的《人类环境宣言》。随着人们对环境问题认识的不断加深，可持续发展的思想逐渐形成。1983年可持续发展作为一类发展模式被正式提出。由此可知，生态文明是人们对可持续发展这一科学发展观认识深化的必然结果，是人类文明形态和文明发展理念、道路和模式的重大

进步。

自然已经用严酷的现实告诫我们，人类并非自然之主，而是生态系统中不可或缺的重要组成部分。人生存于自然中，享受自然的恩赐，参与自然最微妙的各项循环；同时人类活动也对自然有着反作用（包括促进发展的与阻碍发展两方面）。人与自然不存在控制与被控制的关系，而是相互依存、相互依赖、和谐共处、共同促进发展的关系。人类的发展是人与社会、人与环境、当代人与后代人的协调发展，绝不能以当代人的利益为中心，甚至为了当代人的利益而不惜牺牲后代人的利益。讲究生态文明，必须牢固树立起可持续发展的生态文明观。

有了生态文明与可持续发展思想的指导，在行动上，设计工作者应该以身作则，用实践设计为生态文明建设做出贡献，抵制破坏环境的各种不良设计行为；用设计成果引导人们共同参与生态文明环境的建设，比如用人工湿地景观的设计向人们宣传这一生态系统组成部分的重要性，认识"地球之肾"的各类功能，从而培养人们的环保意识，进一步带动公众参与到生态环境的建设中来。生态文明与可持续发展作为一种思想发展趋势，正在以奋进的脚步奔跑在社会发展的大道之上。

（二）实践设计方面

环境艺术设计是一门应用性学科。它在实践设计方面的发展趋势一方面由思想层面起着决定性作用，另一方面又受到市场发展的深刻影响。实践设计方面的发展趋势有以下几点：

1.设计范围的扩大

20世纪末的环境艺术设计，设计范围一直局限于室内设计与室外景观设计中，其中室内设计占据着大部分。随着学科的不断发展，设计范围越来越大，越来越贴近"环境艺术设计"的概念。从理论上讲，一切关于人与环境关系的良性创造，以及人类生存环境的美的创造等相关问题，都在环境艺术设计的研究范围之内；实践设计中，设计范围也跳出了"室内"与"室外"的单一局限。在各环境艺术设计公司与研究单位承接的项目中，也会使各类合理要求形成明确的规范条例。承接的项目中，可以看到某地自然环境的保护与法律法规；各环境艺术设计单位也根据需要拥有合理开发某城市历史文化区的环境改造设计，到某城市社区居民交流空间的营造、某滨水空间亲水平台的细部尺度调整等。当然也有公共与家庭室内空间环境设计和户外景观设计的内容。随着专业设计范围的扩大，委托者、设计者、使用者对于细节的追求，要求设计人员掌握的知识也越来越多，技术要求越来越熟练，从另一个方面又推进了专业向着广度和深度发展。

2. 多工种多专业的设计团队模式

这是环境艺术设计单位工作模式发展的一个趋势，由专业和社会发展的多方面特点所决定。一方面，专业的广度和深度的发展，决定了一个设计项目不可能仅仅依靠个人独立完成，需要一个合作的团队共同努力完成；另一方面，社会的快速发展已显示出了多工种多专业的设计团体模式的优越性。它可以在有限的时间内，最大效率地综合利用团队的各种人力物力资源，快速高效地完成任务。设计团体可以是有着长期合作经验的、相对固定的团队，设计人员彼此之间比较熟悉，有着很好的默契；也可以是根据具体项目需要，临时组建的团队。优点是非常灵活，可以按需选择并组织人员，保证了每人的工作效率。工种包括水工、电工、木工、泥工等；各专业人员可以是和环境艺术设计相关的各类专业工作者。如城市规划师、建筑师、平面设计人员、家具设计师，甚至可以是物理学者、地质研究工作者或是其他人员。

3. 设计管理的专业及制度化

环境艺术设计的规范性发展决定了设计管理的专业及制度化趋势。俗话说"无规矩不成方圆"。随着环境艺术设计范围的扩大、内容的增多、人员组成的多样化、工作流程的复杂化等情况，拥有一个合格的、制度化的管理体系已成为必然。现今，设计管理已经作为一门专业在各大高校开课，并有了自己的专业工作者与研究人员；市场中，已经有了专业设计管理机构，起着调控与监督作用，在以后的发展中也有一套完善自身的设计要求。这种趋势说明，设计管理的专业及制度化已成为设计行业发展的必然。

4. 设计材料与技术紧跟科技发展步伐

一门学科专业如要与时代共进，就势必紧跟科技发展的脚步。在以往信息交流十分受限的年代，设计者在设计一件作品时，所选用的材料绝大多数都是在以往设计中经常使用的，具有很大的局限性；所采用的技术往往也都是通过其学习与个人工作经验总结后成功的、方便的措施，具有单一性与习惯性的特点。在现代信息社会，材料的发展日新月异，技术水平的进步速度也是之前任何时候都难以企及的。生态与可持续发展的大趋势使新材料越发节能与环保。如奥运场馆水立方的主要材料 ETFE（乙烯－四氟乙烯共聚物）膜材料具有自洁、轻巧、高阻燃、坚韧、高透光等优良性能。新技术的发展也以节约人力，施工方便，使用期限长为主要方向。这些新的发展都与科技的进步密不可分。

5. 地域特色与时代特点的强调

曾经设计"国际化"的流行一时之间使人们看到了无论何地何时期的设计都有着近乎相同的面孔，从而失去了设计的个性。现今的环境艺术设计，已经将尊重民族、地域文化作为其基本原则之一。各地具有地域特色与时代特点的优秀设计作品层出不穷，组成了百家争鸣、百花齐放的设计新世界，增加了设计的活力。从大的方面来讲，一个阶段内国家大型设计活动主题皆为"为中国而设计"，其中的上海金茂大厦、苏州博物馆新馆、首都机场 T3 航站楼无一不具有强烈的地域与时代特点；从小的方面来讲，一个具有地域特点的雕塑作品，也可以成为城市的标志与象征。对地域特色与时代特点的强调符合设计的发展规律，它仍然是未来环境艺术设计的发展趋势。

6.细节与后期服务体现出的人性关怀

在设计越来越专业化的今天，任何设计公司或团队想要取得瞩目的成绩并不容易，仅靠好的方案与说服力也不能够轻而易举打动客户。相反，在前期起着决定作用的客户会经过多方比较、反复比对，最终作出选择。这是市场发展的必然结果。在带给设计者或单位巨大压力的同时，也对设计的良性发展起着很好的推动作用。为了在市场竞争中取胜，设计者必然会下苦功提高设计品质，并改良技术，使自己不断适应市场环境。他们把目光投向了关乎设计品质的细节与后期服务中。

一个优秀的设计，就算拥有好的方案也不足以完完全全地吸引和打动他人，人们想要是的最终呈现在眼前的作品。在整体作品令人满意之后，人们往往会把关注点集中在局部，集中于设计的细节上。一个整体设计受人欢迎的儿童房，拥有令人喜悦的色彩配置效果与家具设计，却因为一个被忽视了的家具转角（有可能因其锐利或位置不好对儿童造成伤害）而被放弃，这无疑是令人沮丧的。有人说"细节体现品质"，其实人们注意到的是细节体现出的人性关怀。一件拥有良好使用性能的家具、较好的采光通风条件的小庭院，会使使用者感觉在空间环境中受到了重视，身心愉悦。这就是细节与人性关怀的魅力。随着设计进一步发展，对细节的要求会越来越高。

环境艺术设计体系与管理制度化地建立与发展，还要求跟进后期服务，并在日后的发展中，重点强调对这一阶段的关注。后期服务，是在设计任务完成之后，作品进入市场并且已经投入使用，为完善设计成果，使设计的价值得以最大限度地体现，所进行的一项跟进式服务。它所体现出的仍然是人性关怀。一些设计成品在投入使用后可能产生某种具体问题。如由于使用者所在地理区域环境不同，使用方式存在较大差异所造成的设计成品使用性能差别，或是设计成品自身的使用耗损情况等。后期服务一方面可以为使用者提供便利；另一方面对于设计者而言可以通过观察和解决各种问题来改善设计，提升作品的质量。

另外需要说明的是，人性关怀的对象包括所有的使用者（也包括过去常常被忽视的残疾人、老年人和儿童），要在设计中考虑他们的特殊需求和消费心理，让他们感受到设计的关怀和温暖。

第二章　环境艺术设计的美学基础

第一节　美与美学的认识

一、美的起源

人类就美的本质、美的感觉、美的定义、审美活动等问题进行的讨论和认识，具有悠久的历史。许慎的《说文解字》说："美，甘也，从羊从大。"宋初徐铉的《校定说文解字》明确提出"羊大则美"，即美与感性存在，与人的感性需要、享受、感官直接相关。从原始艺术、原始舞蹈看"羊人为美"，戴着羊头跳舞才是"美"的。美与原始的宗教礼仪活动有关，具有某种社会含义和内容，与人的群体和理性相关联。

美是对人而言的。自从有了人类和人类社会，人们伴随着生产劳动，逐渐有了美的意识和美的思想。美是人类社会实践的产物，是人类积极生活的升华，是客观事物在人们心目中引起的愉悦的情感。美学一词来源于希腊语 aesthesis，最初的意义是"对感观的感受"。德国哲学家亚历山大·戈特利布·鲍姆加登的《美学》（*Aesthetica*）一书的出版标志着美学已成为一门独立的学科。

二、美学的探索

美学是一个非常复杂的问题。古今中外许多伟大的哲学家、思想家、艺术家都对美学思想的本质进行了探索和研究。古希腊哲学家苏格拉底和柏拉图对美有许多论述。柏拉图在《大希庇阿斯篇》中记叙了苏格拉底最先提出了"美是什么"的问题，并对美的本质进行了系统的探讨，最后承认未能最终解决美的问题，以"美是难的"结束。

西方美学的真正源头古希腊哲学家毕达哥拉斯，他提出了"美是数的和谐"的理论观点，为美学的发展奠定了牢固的基石；笛卡尔在《第一哲学沉思集》中提出"我思，故我在"的著名命题，认为"美和愉快的都不过是我们的判断和对象之间的一种关系"；大卫·休谟《人性论》认为，对于美起决定性的因素还在于"人性本来的构造"、习俗或者偶然的心情；德国古典哲学创始人康德在其《判断力批判》一书中提出，审美判断是"凭借完全无利害观念的快感和不快感，对某一对象或其表现方法的一种判断"，是"唯一的、独特的一种不计较利害的、自由的快感"；黑格尔在《美学》中指出"美是理念的感性显现"，"正是概念在它的客观存在里与它本身的这种协调一致才形成美的本质"。自然美是理念发展到自然阶段的产物，艺术美是理念发展到精神阶段的产物，艺术美高于自然美。桑塔耶纳在《美感》中给出了一个"美"的定义，即美是积极的、固有的、客观化的价值；车尔尼雪夫斯基在《艺术与现实的审美关系》中提出了"美是生活"的定义，坚持美以及艺术都来源于现实生活，强调现实美高于艺术美，反对纯艺术论；普列汉诺夫在《再论原始民族的艺术》中指出"社会人看事物和现象，最初是在功利观点上，到后来才移到审美观点上去"。人类以为美的东西，就在于它对人的生存、斗争有用有意义。功用由理性而被认识，美则凭直感的能力而被认识。

回顾人类关于美的思想发展史可以看到，人们已经认识到美不是具有可感形态的个别具体事物，美是同个别具体事物相联系的抽象事物，是个别具体事物具有的能够让人产生美感的性能和原因，是同人的生存发展需要、功利或价值相联系的认识对象。但是，由于受到以往哲学本体论和认识论的限制，人们关于美的本质、美的定义、审美问题的观点还存在一些缺陷和不足，也存在较大争议。

三、美学的本质

第一，美学是关于美的科学。美学是以对美的本质及其意义的研究为主题的学科。美学的基本问题包括美的本质、审美意识同审美对象的关系等。

第二，美学是艺术的哲学。美学是哲学的一个分支，研究的主要对象是艺术，但不研究艺术中的具体表现问题，而是研究艺术中的哲学问题，因此被称为"美的艺术的哲学"。现代哲学将美学定义为认识艺术、科学、设计和哲学中认知感觉的理论和哲学。

第三，美学是以审美经验为中心研究美和艺术的科学。审美经验是西方美学的核心概念。人们在观赏具有审美价值的事物时，直接感受到的是一种特殊的愉快经验。西方现代美学对审美经验的解释可以分为两大类型：一种是主观论的解释，强调审美态度的作用；另一种是客观论的解释，强调审美对象的作用。在客观论者看来，审美经验最主要的源泉在于审美对象本身所具有的审美特质。

第四，美学是对美学词汇进行语言分析的科学。美学分析文化背景、思维方式和艺术形态等多个方面。西方分析美学秉承分析哲学的语言分析方法，而中国传统美学推崇妙悟，即通过体验通达最高的无言之美，更重视语言之外的心灵体验。

第五，美学是关于审美价值的科学。审美价值是在审美对象上能够满足主体的审美需要、引起主体审美感受的某种属性。美学主要探究审美价值的生成及其性质；审美活动、审美对象对审美主体的个人、集体乃至整个人类社会的审美价值的生成有着巨大影响；审美价值的确立标准是其在历史发展过程中形成的。

第二节　艺术设计与美学

一、艺术设计与审美

艺术设计审美是立足社会实践与功利的综合性审美现象。自人类具有审美能力以来，这一现象始终贯穿于人类整个物质生产活动与艺术生产活动的历史，与每一时代美的内容与形式、美感以及美的创造紧密相连。尤其是进入 21 世纪以来，传统纯艺术与大众化艺术逐渐融合，艺术美从内容到形式都向现实生活渗透。日常生活审美化成为大众社会日益显著的物质与精神的共同需求。在这一时代环境下，艺术设计的显著地位与作用以及它的综合内涵与审美更新的独特优势更是进一步显现出来。

从广义的视角来看，在艺术的世界里，从来都没有门类的划分，只有境界与水准的高下。不仅各类物质产品、生活用品的设计能成为艺术，在哲学家庄子的笔下，甚至杀猪解牛都能达到艺术审美的境界。那些设计精美的日用品，比如家具、时装、美食等常常能够超越那些属于纯艺术门类但是技艺低劣的作品。

但是，近代以来，从艺术非功利的狭义视角来看，设计与审美却有一个从融合到分离，再由分离到融合的发展过程，也就是设计作为艺术一个从隐态到显态的过程。

美与美感的诞生起源于人类为求生存求发展而进行的物质生产实践活动。比如一枚石斧，最初是天然原始、粗糙、简陋的，为了使用时比较方便、舒适，原始人将它打磨，在逐渐改进的过程中，流畅的线条开始出现。第一件设计作品，也可以说最早的艺术品诞生了。流畅的线条和形状给人舒适感和愉悦感，并逐渐凝练积淀为艺术创造的美感。

可以说，自从人类打磨出第一枚石斧，设计就与人类整体的艺术创造密不可分。世界各国从石器文明开始，到青铜文明、铁器……均积累了丰富的艺术设计经验与相关的设计美学思想。尤其是中国，开创的陶瓷文明、丝织文明等在世界艺术设计史上更是具有无与伦比的地位。在人类历史的每一时代，立足功利与现实的设计艺术，始终处于艺术实践从质料、内容到形式各个方面创新的前沿；它推动着社会时尚与审美潮流的发展，与各个时期的主流审美思潮密切相关。

自近代以来，特别是随着传统的艺术门类，如绘画、雕塑、音乐、文学等逐渐定型，艺术分工逐渐明晰，人们开始接受一种美学观。艺术是非功利的创造，是精神性的超越，是理想世界的构想，是独立于现实之上的，是与现实对立的纯粹幻想世界。在艺术创造的领域中出现了所谓"纯艺术"和"工艺设计"的分野。并且，这一观念一直流行至今。

物质产品的设计立足现实功利，满足世俗生活的需要，是实用的、非美的；而艺术审美被划归为独立的阶层和范围，是超越的、纯粹的。高雅的艺术与世俗功利的满足有不可逾越的鸿沟。

然而，随着时代的进一步发展，人类进入现代社会，由于物质生产能力的进一步提高，以及当代经济结构的社会化转型，民主化社会逐步形成，作为消费主体的人民大众逐渐成为市场循环的主要力量。与这一力量共同显现的是中国进入 20 世纪 90 年代后，以大众为基础的文化市场的形成。

文化市场的形成使文化生产者能够作为谋生与创作合一的自由人存在，按凯恩斯的"有效需求论"最大限度地获取剩余价值。这一剩余价值获取的基础就在于真诚地满足公众的娱乐、享受与想象。以大众的价值观念和趣味自下而上地反映生活，并在此基础上向文化生活各个领域自觉地加以不同于传统精英文化的美学性情，融入时代文化建构的脉络。

在文化市场经济渗透的自律当中，大众文化需求逐渐被组织到新的知识话语生产的序列中。审美思潮开始出现新的转向，大众日常生活审美化的广泛需求带动着美学发展的新走向。纯艺术与以大众为主体的设计界限逐步消除，后者甚至还大有兼容前者之势。设计与审美的内在关系再次从历史相对的隐态走向更为全面的显态，在装饰设计、环境设计、工业设计、展示设计、动画设计等各个方面开始兼容经典艺术的成就，并大胆地为人所用，让经典艺术以新的形式显现。例如将某些经典绘画适当改造，制成瓷砖供装饰使用。同时，设计艺术家们通过对设计产品的不断美化与创新，提升设计作品的艺术品位，实现产品功能化与审美化的兼容，实现功利与艺术的最佳契合。

其实，人类从事艺术创造的最终目的是什么？一定不仅仅是为了营造一个纸上和画布上的幻想，更是为了实现现实而美好的人生。

社会生活、生产劳动、现实功利始终是美、美感、美的创造产生的根源。立足现实的产品设计较之纯艺术更为接近审美走向的原创性源泉，以其独有的优势与特色处于时代审美中最为敏感的地带；并与相关审美思潮相互吸纳与影响，形成水乳不分的关系。

从 20 世纪 30 年代至今，随着社会文明和现代科学技术的进步，设计美学已经在全世界得到普遍的重视，并将获得长足的发展。

二、艺术设计中的美学特质

设计美是人类设计活动的产物，和传统的艺术美有着诸多相通之处。但就其现实存在形态和审美倾向而言，它与传统的艺术美又有着显著的差异与特点。设计美是产品物质功能、实际效用、科学技术与审美表现的统一，是产品在合于规律与合于目的统一中所表现出来的整体自由。其特殊性主要表现在功利性、兼容性、审美的全方位性。

（一）功利性

和传统艺术美所追求的纯粹精神性不同，设计美的价值取向首先与产品的功能目的相联系。相对于传统纯艺术，设计作品中的功利性更显著、更集中、更典型；而设计产品的形式表现也始终遵循着从功利向形式转化的这一条路线。

首先，这种功利性的基础性追求让产品设计必须具有直接的实用目的，蕴含与实用相关的理性内容。比如原始时代的弓箭设计，弓的弧度、箭镞的对称、弦的韧性逐渐形成弓箭大致的形式，这来自人们在实践中对于形式目的由模糊到精微的感知。古往今来，从原始陶罐到现代的日用器皿绝大多数的形状是圆形。一方面来自生活的需要，另一方面来自圆形能够以最小的圆周构成最大的容积，节省材料、便于旋转制作。功利性也反映着人类生存的需要、使用的便利、经济的节约、技术的水平。功利中有非精神化甚至限制精神性的一面，但是同时它又为人类精神性的提升提供了唯一的基础，正是功利的基础性才为人类精神审美的实现提供了现实的可能性。

功能性的发挥、现实使用的满足更给人带来了相应的生理快感，形成一种生理与心理的共同愉悦。这种愉悦随着产品实用性与形式感的进一步融合，逐渐纯粹、逐渐加强，在人与设计产品的交流中形成物我统一的和谐与默契，融合为人与外物的复杂情感，并最终达到肯定人类自身本质力量、能力智慧的自由，而对设计产品的审美也由此成为现实。

优秀的设计作品一定能够达到这种由生理快感到审美情感的上升。超越其固有的功利层次，体现出蕴含功利的审美境界，让人们能够在充分享受物质功利带来的便利的同时，获得精神上的享受。比如汽车的制造，最初是简单地模仿马车的样式，但是随着人们对汽车速度要求的不断提高，车身形式的阻力成为障碍，并影响到驾驶人员的安全，于是开始出现封闭式的流线型车型。小汽车的造型由船形发展到甲虫形，再到鱼形、楔形。外形线条日益简洁、流畅，显现出形式的美感。

对设计产品功利性的深刻发掘以及现实条件的掌握，是设计美形成的关键。设计功利的成功实现不仅带来使用的快感，而且将在设计美感中占据相当的比重，成为美感融合的一部分。那么对于设计者而言，首先要同时重视设计中实用性能和生理快感的研究，以扩大快感满足的范围与深度；将设计的理性尽可能完善地表现在产品审美的表达当中，实现产品目的与规律、形式与内容的完美统一。

（二）兼容性

与传统纯艺术的艺术形式性、观赏性以及表现社会信息的间接性不同，艺术设计必须涵盖社会整体文明现象的方方面面，是社会生活、道德伦理、市场需求、科学技术、思想情感、审美思潮等综合性汇集的兼容性表达，包含着自然美、社会美、技术美、艺术美、思想美各个方面的内容。这一现象与人类的综合性需求息息相关。人类的需求是物质与心理共同的构成。不仅仅寻求物质功利的便利，更需要包含社会文明整体成就的实现，全面地表达自己，寻求全面发展的最大可能性，而其中也自然包括精神性提升的可能性。

比如服装设计，首先要求质料结实耐用、设计使用合理，同时还必须尽量满足某种社会性情感；式样的美观、大方、新潮、时尚等都是服装设计是否成功的重要因素。而某些名牌服装，则更是与特定人群所追求的贵族感、成就感联系在一起。在满足生理需要的同时，将更多的精神性愉悦与享受融会其中。

再比如悉尼歌剧院、蓬皮杜艺术和文化中心、布鲁塞尔原子球展览馆等建筑，均是科学、艺术以及相关社会与自然因素共同作用的产物，包含着多层次的社会进步内容、时代运行节奏与历史人文意义。

设计美学的另一重要兼容还表现为自身设计风格与大众消费需求的兼容。与传统纯艺术侧重艺术个性、自我表现不同，艺术设计必须考虑市场消费人群的普遍审美倾向，有意识地发掘、契合、创造普遍性的美感。设计者首先必须做市场调查分析，了解目标消费群的经济收入、心理特点、文化程度、消费倾向、审美情趣，并将其综合分析，作为艺术设计的根据。而设计师的创作个性与风格也必须融合到大众消费的审美情趣中才能得到充分表达与实现。

（三）立体性

立体性即设计作品美与美感表达的全方位性。传统意义上的纯艺术作品，如绘画、摄影、音乐雕塑、书法、影视，其表达形式常常是平面的、单维的或局部的，而相应的审美感受也常常比较单一，主要诉诸视觉与听觉。

艺术设计作品则明显不同，因为它所针对的不是局部制作的幻想，而是整体的现实社会生活与人类全面的审美感知。从视觉、听觉到触觉、味觉、嗅觉，从衣食住行到审美各个方面，艺术设计能够渗透到我们生活、存在的各个空间。

立体性首先表现为对设计作品全方位的审美。和传统纯艺术不同，使用者对于作品的欣赏是所有审美感官与作品构成的全面接触，涉及产品的用途、材质、结构、形式、环境等各个方面，比如与触觉、视觉、嗅觉相对应的材质。相对于传统的纯艺术，艺术设计作品对材质的重视与表现更为突出，因为作品的质量好坏与其制作原料直接相关。材料的坚固与柔软、温暖与凉爽、粗糙与细腻、稀疏与紧致、明亮与暗淡等不同特性，与使用者形成直接的视觉与触觉的接触。使用者在与产品接触过程中所形成的舒适与愉悦，共同构成美感形成的基础因素。

同时，由质地所构成的材质的物理性、化学性等自然因素也能够显示出相应的美感。比如实木质料的朴实、温润、中和，钢材质料的坚固、冷峻、简洁，玻璃质料的洁净、明澈、光洁都能够成为触觉与视觉相关的美感。此外，除了产品的功能外，结构、形式也是艺术设计作品的重要部分。富有美感的线条、独特奇妙的造型、新颖独特的想象常常能够为艺术设计作品增添与功能内容相结合的形式的美。例如中国传统的瓷器艺术，正是从内容到形式，从实用到审美，从功利到意境，全部满足多种感官审美需求的伟大设计。

并且，不同于传统纯艺术的局部性，艺术设计所涵盖的空间是全方位的。从小的日用品到整体的房间设计；从某条街道、某处广场到整个城市乃至整个国家。设计渗透到人们生活大大小小的每一个角落，形成日常生活审美化的重要内容。比如某些欧洲发达国家的城市设计，具有民族风格的传统建筑与现代风格的新型设计相互辉映，人文景观与自然景观互相配合，形成一个整体的艺术审美的场地；再比如中国传统的园林设计，亭台水榭、假山池藻、小桥流水、题诗作画，处处是风景，构成全方位的诗意栖居。由此可见艺术设计具有一种立体的、广义的审美优势。

（四）内形式与外形式的统一

艺术设计的美在很大程度上是一种形式美。形式具有不同的层次，可分为内形式和外形式。内形式是指对象事物内部的组织联系；外形式是指事物外部形象的具体形态。设计中的形式美同样也包括内形式美和外形式美，内形式的美可以由功能美体现出来，而外形式的美才是我们一般所讲的形式美。

功能美就是指设计的产品功能合理，是一种最基本实用的美，与设计的功能特征不谋而合。产品只有在具备这种功能美的基础上才能更深一步地体现出外形式的美。

艺术设计的形式美（以下统称为形式美）是指艺术作品形式构成的诸要素（如形状、色彩、线条、语言、动作等）按照一定的法则组合而体现出来的一种审美特征。而这些构成形式美的要素又具有相对的独立性，每一个要素本身就可以成为审美的对象。

形式美的发展演变不完全受内容决定，具有一定的稳定性，如地域风格、时代风格、民族风格等。这说明形式与形式之间是存在着一定的内在联系的。

人的审美能力是在长期的实践活动中发展起来的。因此，形式美与劳动中生成的人的生理、心理结构密切相关，是建立在人们共同的生理与心理基础之上的，是一种特殊的心理反应，也是一种理性的认识活动。

形式美也和人们的情感因素密切相关。直线具有刚直、坚硬、明确的感觉；曲线具有柔美、优雅、轻盈的感觉；折线具有动感、节奏、躁动的感觉；几何形具有明确简洁、秩序的感觉；等等。由此衍生出艺术设计审美中最高的一个层次——情感美。情感美是客体和主体的共鸣，只有具备了内形式的美和外形式的美才能迸发出情感美，才能够彰显出设计师和消费者的品位和情调。

三、美学思潮与设计理念

人类历史上的每一种美学思潮均对当时以及后世的艺术设计产生深远的影响。美学思潮影响带动着艺术设计，而艺术设计又表现并推进着艺术思潮的发展。从古代到当代，艺术设计都会直接或间接地与艺术思潮相关联。

美学思潮史就是一部艺术设计风格的演变史。每一个人类历史的不同时期，其重要的美学思潮、审美风尚、审美观念都会在艺术产品的制造中留下痕迹。

从技术到原则，从原则到原理，三个层面的思想与作品的沟通千姿百态、显隐交织，但是绝无终止。形而上与形而下，二者之间的关系，以下略举数例。

比如"美在效用"与功能主义设计。作为一种功利主义的美学观，"美在效用"最早由古希腊哲学家苏格拉底提出，对后世影响深远。中国的墨子、韩非子也有相似观点。这一美学观认为，美中必然包含着功利与效用，与物品的"美的目的性"相通，凡是美的事物必然最为合理，最符合人自身的目的。而美的产生在于对功利性的逐渐摒弃之中，最后提炼升华为蕴含功利的美。在设计思想史中，功能主义设计观与这一实用主义思想源流一脉相承，在中西器物文明史中占有极其重要的地位，并积极在实践中付诸表达。

功能主义设计理念自原始时代以来在中西方的设计实践中一直流行。但是作为艺术设计史上的一个明确的流派，功能主义发端于19世纪末，发展于20世纪二三十年代，包豪斯是其成熟的标志。作为一种创作方法、艺术流派和美学理论，功能主义主张着力解决功能与形式、美和效用的关系问题，认为形式必须依随功能，尊重产品设计自身的逻辑，强调集合造型的单纯、明快。功能主义，可以说是"美在效用"在特定时代的体现。

再如，后现代美学与设计的现代化。后现代时期的艺术设计具有浓厚的时代气息。后现代美学中，立体派、未来派、波普主义等一系列的艺术理念与风格都在当今的设计领域有所体现。抽象艺术、概念艺术更是直接影响了艺术的现代化。

我们能从家具上看到传统洛可可的气息，也能在工业产品上察觉后现代主义的特点，还能从服装上感受到未来与浪漫的风格。此外，达达主义，荒诞派等艺术美学思想均影响、推动着当前设计的发展。

当前，人性化理念、生态审美与绿色设计紧密相连，而相应的设计内涵也正得到飞速的发展、丰富和修正。生态美学、绿色设计将成为未来设计发展的主要原则和趋势。

今天，我们生活在一个设计无所不在的世界，艺术设计已经深入我们社会的方方面面，从物质领域到精神世界，从造物功能到文化形态。艺术设计已经成为我们提高生活质量、优化社会空间的主要部分，让美的创造真正落实到现实中。

同样，艺术设计美学也将在审美文化中占据越来越重要的位置，成为沟通理想与现实的桥梁。随着这一审美文化领域的开掘，设计美学理论的研究、介绍与总结也将形成一个跨学科的中介，构成科技与人文、实践与提升的交融，为艺术设计新的创造提供理论的支持、启迪与指导。

在理论与实践的相互启发中，共同实现产品技术规定与审美形式的自由结合，共同推进艺术设计与时俱进。

第三节　环境艺术设计美学的研究对象与特征

一、环境设计美学的研究对象

环境艺术设计美学将美学的内涵和原则贯穿于整个空间设计和环境构成各要素。通过美学要素的运用和审美观的分析，为环境赋予历史文脉、艺术风格和审美取向等精神情感因素。环境艺术设计美学的研究对象就是环境设计客体和环境审美主体两个方面，围绕环境艺术设计美学的本质展开对环境设计的内容和形式规律的研究，同时对环境美的结构、特征等方面进行探讨研究。

环境设计美学涉及规划、城市设计、建筑、园林、雕塑、室内设计等诸多领域，涵盖人类物质文明和精神文明发展，是经济、文化、社会、时代的综合体现。

二、环境艺术设计美学的特征

（一）功能性特征

环境艺术设计必须首先满足人们的基本使用功能，即功能要求，包括实用功能、认知功能和审美功能。现代环境艺术需要满足人们的生理需要，即环境艺术设计完成后，需要达到使人们的物质生活更加完备或者更加便利的目的，这是现代环境艺术设计实用性的体现。环境设计的审美性建立在实用性的基础上，同时也是对适应性的延伸，它需要通过构造意境或者氛围来给予人们更好的审美体验。

（二）社会性特征

设计和现代设计美学是一定历史条件下时代和社会催生的产物，是社会实践的结果，凝聚着丰富的社会意义。审美和美学从来就不是孤立的文化现象或实体，它们是文化整体的一个组成部分，是在一定的社会关系、社会制度的基础上产生并发挥作用的，这是人类审美认知的一个重要理念。社会的发展、时代的进步、美的定义及其理论领域的观念也必然与时俱进，不断更新和发展。

（三）审美性特征

设计活动是一种基于现实应用的艺术创造活动，因此与功能性特征紧密联系的是审美性特征。设计的艺术性和审美性首先体现为设计是一种美的造型艺术或视觉艺术。环境设计审美性将计划、规划、设想和解决问题的方法通过美的形式和语言传达出来。

（四）时代性特征

设计美学的时代性特征决定了设计的审美趣味，也造就了环境设计美学形态的各种风格、流派。准确把握时代潮流，是对每一个设计师最起码的要求，也是环境设计美学的重要特征。

（五）创新性特征

创新和创造是现代设计的基本要求。设计的本质就是创新。人们的审美心理蕴含着求新、求异、求美的内在要求。设计的创新，包含着不同的层次，它可以是在原有基础上的改良，也可以是完全的创新。

（六）技术性特征

设计是建立在技术基础之上的应用学科。技术因素是设计美学的物质基础和依托，影响并决定了设计审美风格的形成。工业文明的发展，使机器化大生产取代了传统的手工业生产，工艺美学也被现代设计美学所取代。工业时代的大批量、标准化生产方式，使功能、理性成为基本的审美法则。技术促进和改变着环境设计的发展，也影响着人们的审美方式和审美追求。

（七）多样性特征

环境设计多学科的交叉与融合，构成了环境艺术的广泛外延和丰富内涵。现代环境设计需要满足不同对象或者人群的需要，因此环境艺术设计作品、设计理念和设计风格呈现出多样性的特点。科学技术和社会文明的迅速发展，也促进了环境设计审美价值观、审美标准和流行趋势的多元化发展。

第三章　环境艺术设计与中国传统美学

第一节 中国传统美学与设计美学概述

一、中国传统美学思想的本质

中国传统美学思想的本质是以中国古代哲学思想与艺术理论为基础的,是中国古代艺术创作的根本美学思想,也是中国古代审美哲学思想。

中国传统美学历经数千年的历史演进和变迁,自身是有着生命力的,存在着走向现代的因子。其中很多有价值的闪光思想,值得我们发扬光大。这就需要我们站在现代性的立场上对中国传统美学加以审视、判断和继承。研究和继承中国传统的美学思想与学习借鉴和研究西方美学之间并不矛盾。我们不能只专注于西方美学的学习,而不去继承传统;各种反对继承传统美学的说辞是不妥的,继承传统美学思想并不妨碍学习西方美学。从一百多年前美学学科传入中国的时候开始,一些具有战略眼光的美学先辈,如蔡元培、王国维、朱光潜、宗白华等人就结合中国历代文艺作品和传统美学思想的实际,对西方美学进行消化和吸收。他们对西方美学的学习和吸收,既有可借鉴的探索,又有削足适履的情形。

二、中国传统美学思想的现代性

中国传统美学思想作为对中国古人审美活动规律的总结,其中必定包含着人类活动的普遍规律,乃至包含着西方美学思想中未能总结到的一些规律。这不仅有益于中国现代的美学学科建设和审美实践,也有益于世界的美学学科建设和审美实践。中国美学有一个以意象为中心的潜在体系,并且形成一个源远流长的传统,值得我们加以继承。中国传统美学对审美活动中物我浑融的表达是独特的,而其中从有机生命整体的角度把握人的审美活动的特征则是深刻的。中国传统美学体现了创造性和超越性特征。宗白华把中国传统美学思想放到中国传统的宇宙观和社会观的大背景中去理解，是符合中国传统美学思想的实际的。

朱光潜的美学研究方法，值得我们在研究中国传统美学时借鉴，一是补苴罅漏；二是张皇幽眇。在世界美学系统中，中国传统美学有补苴罅漏的功能。同时，在对中国传统美学研究中，一些有价值的萌芽也需要我们发扬光大，这就是张皇幽眇。中国传统美学范畴的特殊性与致思方式的特殊性，一方面需要我们研究者适应时代要求；另一方面其独到之处，也值得我们张皇幽眇。中国传统美学顿悟式的感性和印象式的点评以及其中所呈现的类比思维方式，虽不能作为学术基本形态，但是依然可以作为现代美学补苴罅漏的辅助形态。

我们对中国传统美学的继承和发展，离不开对历代审美创造的继承和发展。一方面，中国古代的审美创造与传统美学思想之间是可以相互印证、相互阐发的；另一方面，中国古代的审美创造中有很多独到之处值得我们在当下的审美理论与实践中直接继承和发扬光大。宗白华力求将诗歌、音乐、书法等艺术创造与古人的美学思想统一起来加以研究，值得我们重视。中国数千年来的审美创造和美学思想共同铸造了我们审美的心灵，我们在具体研究中必须将两者加以参证。

中国传统美学对人生价值的关注，对理想境界的追求，是值得我们继承的。中国传统美学将审美活动与生命崭新境界的不断追求与人生的价值和意义的探寻紧密相连。中国传统美学思想的独特致思方式以及中国传统重体验、重感悟的特点等，都有现代美学值得借鉴的地方。中国人在农耕文化时代形成的生态意识也依然值得今人重视。对于审美判断，中国美学重视体悟、反省，重视创造精神。中国传统美学在文体形态、范畴特征和表述方式等方面具有自己的特色，依然有值得继承和发扬光大的特点。如果我们能妥善处理好继承中国传统美学的问题，那么中国美学的现代性建设就会更具有中国特色和价值。

　　中国传统美学研究的当下语境和现代汉语的表述方式积极地推动了中国传统美学的现代性。现代汉语在继承宋代以来日常口语的基础上，特别是20世纪初以来，通过对西方语言的学习，在学术表述上有着明显的进步。但是另一方面我们不得不说，中国传统美学中一些范畴和思想的精髓与奥妙在现代汉语中未能得到准确传达和继承。例如气、势、几、微等范畴，都是现代汉语语境难以言传的，需要我们进一步深入探索这些语义的现代传达。

　　中国传统美学的现代性特征，是在学习西方美学观念和方法、适应现代审美实践、保留自身特点的基础上形成的，符合全球化时代审美实践和理论建构的需要。它具体表现为独创性、开放性、与时俱进和面向世界等特征。

　　现代性是一种独创性。我们研究中国传统美学，需要揭示出中国传统美学中具有独创性的、在现代依然具有普遍价值的东西。因此，我们要重视中国传统美学的独特个性。中国传统美学强调艺术的审美欣赏，乃是欣赏者与创作者、欣赏者与欣赏者之间的对话与交流。这种对话与交流，要以共同的审美趣味为前提，这与西方传统美学是截然不同的。中国现代美学虽然在早期有明显移植西方美学的特点，但是一经继承中国传统美学的发展，就有了自身的特征。中国现代美学从引进、借鉴到在继承传统的基础上自主创新，在新的历史时期加以发扬光大，其中就包含着中国传统美学的独创性。

　　现代性是一种开放性。我们对中国传统美学的研究和再发现不可能是原汁原味的、博物馆陈列式的，在阐释过程中必然会运用到西方的范畴、观点和方法，必然在贯通中西的视域中去审视中国传统美学。尤其要通过西方美学的镜子，认识到中国传统美学的独特之处。要把传统美学资源放在现代背景下，放在全球化视野下发挥作用，审视其价值，用外来思想和时代精神激活中国传统美学中的内在生命；要在继承传统的基础上，体现出全球化时代的普遍可接受性，便于当下的理解。研究中国传统美学要着力挖掘可与世界美学交流对话的内容，以中国传统美学资源为基础对外来思想审视、消化和吸收。两者交流本身，也会翕辟成变，产生新的思想，拓展新的思路。这种开放性不仅有利于通过交流与对话学习西方美学以提升自己，也有助于以自身的特点影响世界美学的发展。

现代性体现着与时俱进的特征。中国古代的审美实践与理论研究，是相对独立的；但长期以来都是在中外交流的基础上发展起来的，同时也是与时俱进的。现代性本身是一个流动的范畴。美学学科的建立和发展及其在现代中国的发生、发展就包含着现代性成分。中国传统美学资源的取舍和运用，必然受到现代性的影响和制约。中国传统美学的历史进程本身是动态发展的，是趋于现代的。汉唐通过西域与外部的交流，积极推动了本土美学不断地焕发生机与活力；明代以后的个性觉醒与解放，本身就昭示着超越古代、走向现代的轨迹。近百年来，在大量学习和借鉴西方美学的基础上反思和整理中国古代的审美意识与美学思想，本身就带有现代性视角，使得中国美学在继承古典美学的基础上走向现代。我们今天对中国传统美学的挖掘和整理、审视和评价，离不开当下的历史境遇和时代要求。如果我们还是仅仅停留在简单地引进或比附研究阶段，漠视近百年来的中国美学研究进程，显然是不当的。

现代性也是中国美学研究继承传统、面对当下和走向世界的桥梁。在当今美学界，继承传统与借鉴西方是相辅相成的，缺一不可的。对西方美学的吸收、借鉴和参照，与立足当下审美实践的概括和总结以及对传统的创造性继承，这三者是统一的。因此，我们继承传统美学思想，要让他们与西方美学对话，与当下的创新对话。这些融合古今中西的尝试和努力都是必要的，客观上也对中国传统美学的现代转型有益。我们要在继承传统的基础上，逐步建立起超越古今中外、融合古今中外、面向当下审美实践的美学理论体系，真正实现古今中西的对话和交流。现代性本身是中国美学发展历程中的一个阶段，并最终导向未来。因此，中国美学现代性的传统就是继承传统。借鉴外来文明和关注当下的传统，积极顺应了世界对中国美学的需要。

从现代性立场研究中国传统美学思想，是中国美学整体重要的有机组成部分，也是当下中国美学界的一个重要方向，更是丰富和深化世界美学的必然要求。中国美学要在继承传统、借鉴西方美学和面对当下审美实践的基础上，扩大自己的话语权，为当今的世界美学作出更大的贡献。世界美学的格局是不会一成不变的，它将向前发展、与时俱进和不断转型，将呈现出多样性特征。世界美学的多元性需求，积极推动了中国美学的现代性探索。

总而言之，中国传统美学思想研究的现代性追求，应当学习和借鉴西方美学的观念和方法，与中国当下的审美实践和美学理论探索紧密结合。历经近百年来数代学者的努力，我们已经积累了丰富的经验，但中国传统美学的现代性依然是我们在今后相当长的时间内努力的方向。学者们在古今、中西的对话中寻求现代转型。中国传统美学的现代研究本身就包含着古今对话，而借鉴西方美学的理论和方法研究中国传统美学又包含着中西对话。这种古今、中西对话，有力地推动了中国传统美学思想精华走向现代、走向世界，从而充满生机和活力。另外值得注意的是，西方学者对中国传统美学资源的研究与中国学者对中国传统美学资源的研究。从选取的内容、研究的视角和方法都会存在一定的差异，与国内的学者存在一定的互补性，需要相互交流，共同推动中国传统美学的现代性追求。

三、中国传统美学体系中的设计美学

（一）中国传统美学中的设计美学原则

中国传统美学深深影响了古代建筑和传统室内装饰设计，对当时的营造法则和设计理念起到了重要的作用。现如今，虽然生活方式、审美特征都发生了翻天覆地的变化，人们的思想观念也发生了巨大的变化。但作为中国文化瑰宝的传统美学思想在现代设计美学中仍然具有跨时代的意义。传统美学的思想精髓，将影响着现代环境艺术设计的思维方式和现代人们的审美观念，丰富着现代环境艺术设计精神层面的内涵。

1.整体原则

所谓整体原则，是指设计应该以整体美作为前提，始终贯穿于中国传统美学的设计美学原则。整体原则也是现代设计美学的设计审美原则和艺术创作原则。在中国古人的眼中，自然万物是一个有机的整体。艺术创作的使命就是反映、展示、参悟这一整体。在中国美学史上，几乎所有的艺术家都把整体美作为艺术创作的最高追求。

"古者包羲氏之王天下也，仰则观象于天，俯则观法于地，观鸟兽之文与地之宜。近取诸身，远取诸物，于是始作八卦，以通神明之德，以类万物之情。"（《易传·系辞下传》）。在这里，古人告诉我们，对天地万物的把握与体悟，应该在近处取自于自身，在远处取自于万物。采取仰观俯察的方式，多角度、全方位地表达万物的情状。

2.生态原则

中国人历来都崇尚自然，注重人与自然的和谐共处。这些美学理念与今天所倡导的生态环保、可持续发展原则不谋而合，其目的皆是促进人与自然、人与社会、人与人之间的平等和谐发展。随着生态环境的日益恶化，人们的生态环保意识也日渐强烈，在全世界人民高度提倡生态环保的今天，保护和改善自然环境已经成为人类共同的迫切任务。

（1）对和谐自然的敬畏与爱戴。对中国传统美学的研究表明，我国古代的美学家和艺术家始终都是以一种敬畏与爱戴之心来对待自然环境的。这种对自然环境敬畏与爱戴的态度，在设计美学上的具体表现就是对自然的合理运用，成为设计审美和艺术创作最基本的原则。也就是说，在中国传统美学家和艺术家的观念中，艺术创作与设计是否敬畏与爱戴自然，是决定一个对象是否具有时代审美价值的重要因素。

（2）对自然之景的欣赏之情。中国古人对大自然表现出崇拜之情，但对于他们来说，大自然并不是一种凌驾于人类之上、令人恐惧的环境，而是一个可亲可近、令人赏心悦目的审美对象。从古人的文章、诗歌和绘画当中，我们可以深刻地体会到他们对自然之景的欣赏之情。可以说，在中国古人的眼里，自然万物时时刻刻都表现出美的特征。

（3）自然万物的平等一体。中国古代的美学家认为，自然万物与人类一样应该受到平等的尊重对待，具有存在的合理性。庄子明确指出："世间万物在本质上是一样的、平等的、没有差别可言的。"我国古人是以一种同情和尊重的态度来对待自然万物的，视其如朋友一般。因此，他们很少破坏自然，总是力求适应自然。

生态环境发展观必须由生态伦理观和生态美学观共同驾驭。现代环境艺术设计首先应当尊重自然、节约能源，尊重自然是生态设计的根本，是一种人与自然环境共生意识的体现。其次要因地制宜，根据不同的地域气候特征、地理因素等条件充分利用当地的材料，延续当地的文化和风俗，将现代高新技术与地方的适用技术相结合。最后，现代环境艺术设计作为使用者与传统美学和现代设计思维交融连接的桥梁。应当在设计中尽可能地将自然环境引入室内环境中，借助自然中清新的空气、充足的阳光来打造室内环境的生态设计。拉近人与自然之间的距离，充分利用自然资源，达到生态环保的目的。

3.创新原则

中国传统美学以其独特的气质而自立于世，这种气质来自一脉相承的精神和文化。创新意识是流淌在中国人血脉之中、代代相传的重要精神因素，赋予了中国传统美学特有的精神风貌。

所谓创新，即开放超越、摒弃封闭，换一种视角来看待事物，从而得到一种新的美学思路和设计风格。中国古人在很早就开始提倡艺术创作的创新意识，并且身体力行，在灿烂的中国传统文化中留下了许多不朽的传世之作及大量的文字论述。在中国古代美学家、艺术家的美学思想中，创新是中国传统美学中一个重要的审美评判标准。中国古代美学家的创新并非违背和离弃大自然的生存法则，而是顺应自然的发展，将自己的美学思想与自然相融合。中国古代不同思想派别的宗旨不同、倾向不同，创新意识的表现方式也不同。但从总体上看，中国人主张温故知新、吐故纳新。

4. 人性原则

纵观中国传统美学的发展历程，其中非常突出的特点就是始终贯穿着关注人、重视人、崇尚人的人本主义情怀。兴观群怨、大道为美、妙悟意境等理论观点，都是围绕着人的性情与人格精神等方面提出的。在这种美学思想引导下的艺术创作，充满了对人性情感精神的关注和对生命价值的肯定。中国传统美学的这种人本主义情怀，对今天甚嚣尘上的重物不重人的消费主义倾向，无疑可以起到一种纠偏指明的作用。对于现代环境艺术设计创建、完善人文精神，营造具有中国特色的现代环境艺术设计文化，是一笔十分宝贵的思想财富。

环境艺术设计的最终目的是供人居住和使用。以人为本就是在进行环境艺术设计的时候把人的因素放在首要位置，处处为人着想。这种设计思想与中国传统美学中的人本主义情怀在本质上是相通的。设计师要根据现代人的情感需求和审美要求进行设计创作。由于生理和心理需求、生活习惯、文化层次、阅历等不同，人们对环境艺术设计的需求也不尽相同。将人本主义融入现代环境艺术设计中，不仅能够体现出中国传统美学的精髓，更重要的也是现代人对情感和审美追逐的过程中所产生的必然结果。

以人为本的现代环境艺术设计思想除了要关注不同消费者心理和生理上的需求，给他们提供更便利、更舒适的工作和生活环境，在精神上给予他们体贴与关怀之外，还要考虑到环境空间使用的特殊人群（老年人、儿童等）。这类人群具有特殊的使用要求和消费心理，因此设计师在规划休闲、娱乐等公共空间的室内环境时，要将这些特殊人群的需求考虑进去，让他们在便利使用空间的同时也能够感受到社会的温暖。

5.统一原则

中国传统美学中的尽善尽美、文质彬彬向后人呈现出形式与内容的关系。只有将美与善相统一，才能达到艺术创作的最高境界。在中国传统建筑的设计中，我们可以普遍看到建筑的结构部件所表现的双重作用，即在起到支撑和连接作用的同时，又具有非凡的装饰效果。可见，中国古人对美的追求不是只停留在浅显的表面，而是将美与功能相结合，赋予美的实质、内涵。

在现代环境艺术设计中，建筑的结构部件已经很少暴露在外面，我们也无须给结构部件予以装饰。但基于古人这种形式与功能的统一原则，在现代环境艺术设计中应注重功能美与形式美的统一。功能美是形式美的前提和基础，形式美是功能美的增强体现。环境艺术设计的主要目的在于为人们的生存与活动创造一个理想的场所，不仅要具有高舒适化与高科技化的实用功能，还要在表现形式方面给人以美的感受。不能单纯追求形式或突出技术而影响或破坏其实用功能，也不能只有实用功能而忽视了其外在形式所能唤起的人们的审美感受和审美需求。

6.适度原则

中国传统美学中的中庸思想一直影响着中国文化的发展，并占有主导统治地位。这种中庸思想要求凡事都要进行有度的限制，不能"不过"，也不能"太过"，要适度。在现代环境艺术设计中，设计师也要把握好这个度，在装饰上既不能过于烦琐，也不能过于简单；在尺度和色彩等方面也要考虑均衡，根据实际情况来把握尺度。

可以说，中国传统美学反映出的这些现代设计美学原则都是相辅相成的。一种原则的体现需要其他原则的支持才能达到最佳效果，才能达到设计最根本的目的。在建筑与室内设计不断发展的今天，丰富环境艺术设计精神内涵的方法与原则还处于不断的探索与实践中。

（二）中国传统美学的继承方式

现代环境艺术设计思维的变化如同对时尚潮流的追逐，不断推陈出新。现代人对环境艺术设计的需求也越来越丰富化、高度化、全面化。在形式上要求富于创新，在精神上要求具有文化内涵。这就需要我们将中国传统美学作为现代环境艺术设计的支撑点，从中汲取精华。今天的环境艺术设计是一个需要强调历史延续、倡导民族性、赋予文化内涵的设计。现代环境艺术设计对中国传统美学的继承方式应当是批判传承、创新、汲取、学习等。从而在现代环境艺术设计中达到古今结合，古为今用，以今为主，为今所用，中西结合，西为中用，以中为主，为中所用的目的。

1. 去糟粕，取精华

每一个事物都有两面性，在分析事物时要从整体出发，不能片面地看待问题。文化、民族风情、地域差异造就了我们这个多元化的世界。设计师要抓住不同人的文化修养、性格特点去完成每一件优秀的设计作品；设计必须坚持创新，在传承中国传统美学思想时，吸收其精华部分，摒弃其糟粕部分。不能盲目重复古人的设计手段，不可一味地摒弃传统；在尊重历史的基础上有选择地传承中国传统美学，不断地满足人们的需求。设计不是机械地拼凑、收集，只有了解时代特点、个性需求，才能将精髓融入现代环境艺术设计中，才能不断进步。

现代环境艺术设计在长期的发展过程中，根据不同地域、不同民族风情和文化底蕴，形成了各式各样的风格和流派。我们在吸收借鉴古人的传统美学设计理念时，应该做到推陈出新，革故鼎新，去其糟粕，取其精华，因地制宜，使每一个元素都发挥其作用。

2. 综合与创新

综合包括两个方面的含义，一是在对中西文化的对比研究中，比较中西美学思想的区别，把握中西文化的不同特点。对中西美学仔细辨别，根据时代的要求，将中西美学的先进思想有机地结合起来，应用到现代环境艺术设计之中。

创新是指在综合基础上的一种新的艺术创造，是根据社会发展、历史进步和时代要求所进行的一种崭新的艺术创造。对中国传统美学的创新，要根据现代技术与材料的发展程度，现代环境艺术设计中人与人、人与物、物与物的关系，将中国传统美学思想进行升华，进而将其融入现代环境艺术设计中。如对古人整体意识的创新，表现到现代环境艺术设计中即是室内与家具的一体化设计、整体情调的营造等。我们也可以将古人在造园中借景、移步换景等设计手法应用到现代环境艺术设计当中，这都是对中国传统美学的创新继承。

第二节　中国传统建筑装饰元素在现代居室美学设计中的应用

一、中国传统建筑装饰元素的分类

随着社会经济、文化等方面的不断发展，以及社会各阶层对日益增长的精神文化生活的需求，大量兴建的宅邸、园林，对推动中国传统建筑装饰艺术的发展起到了不可忽视的作用。中国传统建筑装饰元素主要包括以下几个方面：

（一）建筑构件

中国古建筑几乎都是木架构体系，其骨架形式包括梁、柱、檩、枋、椽及附属构件等。这些构件中主要的受力构件是梁、柱构件。中国传统建筑中梁、柱构件的装饰部位主要有梁枋的装饰、柱的装饰以及与梁柱交接构件的装饰。这些构件的装饰艺术主要通过形态、雕饰和彩画等体现出来。

在南方民居中多把整根梁枋加工成弯月形的"月梁"。这样处理不但从力学上比平直的梁枋更加牢固安全，而且从视觉感观上增加了柔缓的曲线之美，减少了原有木梁方直的生硬之感。然后在梁枋两立面中央部位、左右两头加以雕饰，或植物花卉或动物人物或由人物组成的戏剧场景，基本上都以素雕为主。有时用深雕与浮雕相结合的雕法，把梁枋装饰得既华美又充满韵律；有时还把这些雕刻绘以油彩画，更显得五彩缤纷。

中国传统建筑中柱子的材质主要有石、木两种；加工形态有方、圆之分；有时也会加工成六角形或多边形。木柱的柱身形态通常只做柱头、柱脚"卷杀"（收分）的加工；有时做成使柱身两头细中间粗，形似织布的梭子，既可使柱身显得纤巧，又减少了粗笨之感，这种柱也被称为梭柱。柱础形态可以做成覆盆式、覆斗式、圆鼓式、基座式等基本样式，在民间建筑中通常还将这些基本样式结合起来形成复合式的柱础；而且其中的基座平面还有呈方形、六角形、八角形的区别；圆鼓还有扁形、瘦高形之分；再加之柱础雕饰的不同处理方法和丰富的表现内容，使柱础的样式更显得千姿百态。民居的柱身多为素色即木本色，偶尔施以清漆或红、棕色漆，而在非常重要的殿堂内檐中央区域的四根柱子（龙井柱），往往通过运用豪华凝重的浑金彩画，或运用亮丽的朱红油底盘金彩画进行特殊装饰，以此起到有效烘托渲染的作用。

中国传统建筑中与梁柱相接的构件主要有柁墩、驼峰、童（瓜）柱、角背、雀替与梁托、穿枋、斗拱、撑拱、牛腿等。这些功能不同的木构件，经过美化还具有一定的装饰作用。南方民居中多以雕刻来装饰建筑上的构件，个别也有在雕刻过的构件上再施以彩画；而在北方的官式建筑中，这些构件有的经过简单的雕刻加工，然后根据整个建筑的风格而加以彩画。

中国传统建筑中还有一些附属构件也包含着装饰意蕴，比如古建筑中窗饰、门扇、屏风以及隔断等。这些构件也是中国传统建筑中木架构体系的重要组成部分。

（二）建筑色彩

中国传统建筑特别是建筑装饰非常讲究色彩鲜艳、明亮。清朝的建筑规制规定，黄色琉璃瓦顶最为高贵，只有皇帝可以使用。琉璃瓦饰和梁柱彩画已成为中国传统建筑装饰艺术色彩构成的重要组成部分。色彩是通过人的印象或者联想来产生心理上的影响，而色彩搭配就是通过改变空间的舒适程度和环境氛围来满足人们各方面的需求。"色彩搭配"这一理念在 20 世纪末才传入中国。多年来"色彩搭配"已经在中国运用得非常广泛，这在一定程度上提高了城市与建筑色彩规划水平，对改善全社会的视觉环境起到了重要的推动作用。

（三）雕饰图案

传统建筑中的雕刻、塑饰也是由早期的简单质朴向繁复精细发展，逐步形成图案化、规格化，时代风格非常明显。明清时期出现了完全按照建筑彩画雕制的梁枋构件，不仅有石雕，还有经雕刻后烧制成的琉璃，这在明清的古建筑中广泛使用。各地不少建筑的大门、戏台、大小殿宇上布满了各种石雕、砖雕和木雕作品。它们随着时代的发展，也反映了由简单粗犷向繁复精细化发展的特点。

（四）陈设

中国传统建筑的陈设主要表现在家具、灯具、装饰等方面。比如木构架、博古架、匾额、楹联、抱鼓石等。

二、中国传统建筑装饰元素的特征

（一）双重性

首先，在物质层面上，建筑装饰元素具有实用性。它是满足人们工作、休息和娱乐需要的物质元素，是人们生活中必不可少的物质条件之一。

其次，在精神层面上，建筑装饰元素又是人类文明的标志，是人类文化的重要组成部分。中国传统建筑装饰元素不仅是当时建筑风格、历史文化、社会民俗和民风等文化艺术因素的精神体现，还能反映出当时的科学技术和政治经济水平。

（二）民族文化性

建筑装饰艺术和其他文化艺术一样具有鲜明的民族性和地域性，是民族文化的重要组成部分。不同民族的语言文字、民俗民风、生活习惯、文化艺术、服装服饰、宗教信仰等，加上各地区地理环境、气候等自然条件都会对建筑装饰艺术产生影响，也由此产生出各式各样的民族建筑形式和丰富多彩的民族建筑风格，它们在不同程度上反映出一个国家和民族的文化特色。

（三）象征性

中国传统建筑装饰元素中图案和纹样的象征意义历史源远流长。象征借助物间某种联系，用具有特定意义的事物来表现某种精神品质与意愿。象征意象成为人类表达自身心理与精神上更深层次的直觉反应的载体。

这些图案和纹样大多在民居建筑中以象征手法，通过择取形声、假借形意等方法或手段获得象征意蕴。很难说出深邃或者巨大的内涵，却广泛而典型地反映了人们渴求幸福、美满、吉祥、富贵的生活愿望。世俗化的题材和表现手法契合了大多数阶层人们对现实生活的挚爱和对未来憧憬的内在精神需求并渐趋约定俗成，以至于附着于传统建筑中的各类构件、装饰、装修上的抽象性的几何图案、纹样、图形的原始内涵和寓意反倒变得模糊不清了。

明清祈祥纳福题材的图案、纹样和图形等应用目的性的强化，其形式、图形结构、图底关系等无不受制于所要表达的内容。由于表达内容的特殊要求和规范，客观上促使寻觅、探求适合表现形式、工艺技术的活动内容多样化。结果使图案、纹样和图形构成日臻丰富和高度成熟，内容和形式日趋统一，也使外在于图案、纹样和图形等装饰性的思想内容成为其构成中内在的东西。简言之，具象与写实、抽象与形意的象征寓意的主题内涵，是通过审美形式表现在传统建筑构件的装饰上，这也是它的象征性表现特征之一。

（四）雅俗共赏性

中国传统建筑装饰的成就，主要是由古代社会中两大群体阶层，即文人雅士和"百工"艺匠共同创造的。两者互为依靠、优势互补、合作密切、相得益彰，为中华民族几千年的建筑艺术谱写出壮丽华美的乐章。

由于文人士大夫们对建筑营建装饰技术等方面的参与，他们将思路、意象授意给艺匠，并在其中把握方向，掌控格局和格调，使他们的设计理念与艺匠们的工艺技术有机结合，共同完成建筑的营造与装饰。

中国古代民间艺匠们将能够体现民俗民风的建筑装饰技艺通过父子传承、师徒相授等途径代代相传。文人士大夫们对建筑营建的参与以及对建筑装饰风格的把握，经过长期的融汇与磨合，使传统建筑装饰题材和表现手法越来越丰富。"雅"与"俗"得以并存，并得到了上至王公贵族、下至文人雅士与庶民百姓们的共识。其雅俗共赏性也就成了传统建筑装饰的特征之一。

（五）文化交融性

建筑装饰元素虽然有它鲜明的民族文化性，但它绝不是孤立、静止、保守和自闭的，它们无时无刻不在艺术和技术方面彼此交流、相互影响、相互促进。

建筑装饰元素的文化交融可分为两个方面：一是国内各民族之间、地域之间的交流与融合；二是国际上各国家、各宗教信仰之间的交流与融合。

国内或国际的建筑文化都是相互影响、相互促进的。其结果是极大地推动了各国、各民族建筑艺术的交融与发展。

三、中国传统建筑装饰元素的文化内涵

建筑是文化的载体，建筑与文化的内涵一脉相承。任何建筑文化的创造都是一种在制约中的创造，都是在特定的环境下演进、沉淀的结晶。没有变化的传统，也没有传统的变化。

中华建筑文化源远流长，影响深远。中华各民族文化在相互交流、吸收、融合中，异彩纷呈，形成了独特的中华传统建筑文化。

中华大地的各少数民族不断吸取借鉴汉族建筑文化和外来文化，结合本民族实际创造出绚丽多彩的少数民族建筑文化。它们既有中华建筑文化的共性，又有地方特色的民族个性；它们在中华民族传统建筑百花园中争奇斗艳，极大地丰富了中华建筑文化的内涵。中国传统建筑装饰的文化内涵表现在以下两个方面：

（一）礼制文化

中国历来被称为"礼仪之邦"。中国各民族都有着各自的礼仪文化，无论是国内交往还是国际交流礼仪始终是我们国家政治文化生活的重要部分。古代的礼仪文化意义重大、影响深远。诸如政治制度、军队征战、

朝廷法典、求神祭祀、建房修墓等，乃至人们的言谈举止、衣食住行、婚丧嫁娶，都与礼仪文化息息相关。

（二）民俗民风文化

我国的建筑风俗源远流长。远在公元前十世纪的周代，民间就有建房时拜五神的风俗；祭五神的风俗发展到战国时代，有了新的变化，即提出了祭五方神之说；祭五方神的风俗再发展到汉代的祭五色神之说；到了唐代又将五色神用于符咒风俗中，形成五神观，并将其应用于建筑风俗中。与中国传统建筑文化相关的古代民间习俗主要有保留名人住宅、卜居、撰写《宅经》、抄写佛经、"立架"等。

四、现代居室空间设计的新要求

建筑室内空间设计通常要满足实用功能和精神功能两方面的要求。室内空间设计的构成要素包括实体空间要素和非实体空间要素。实体空间要素可分为空间限定形态（构筑物造型、室内各界面装饰性设施、家具陈设等）和活动形态（灯光照明、动感雕塑、室内绿化等）；非实体空间要素可分为美感（符合审美要求）、个性（具有艺术特色）、意境（具有文化内涵）、心理（符合人们行为心理需求）。

随着社会文明程度的不断提高，人们对精神需求日益关注。室内设计师们试图运用现代科技重构人们的审美体验，营造温馨舒适的居室环境，让人们结束一天忙碌的工作回到家中放松心态，使人们适应快节奏的现代生活。传统的居室设计，面临着设计观念、设计手法、审美意境的转换。因此，中国传统建筑装饰元素在现代居室美学空间设计中的应用是顺应时代的发展与变迁，在实际生活中已成为人们关注的焦点。这必将使得设计师们对当今室内设计提出新的要求，具体体现在以下几方面：

（一）以人为本的人性化

以人为本就是结合人体工程学、美学艺术、环境心理学等学科，科学分析现代人们的视觉审美、生理需求、行为心理等方面的特征，设计出充满人性、极具亲和力的居室空间环境，为人类寻找精神家园，形成与人类心灵共鸣的人性化环境。随着人类逐步进入人口老龄化时代，生活节奏不断加快，社会上出现了大量的"留守老人"。其子女们平时忙于工作而忽视老人的生活已成新常态，这就对我们现代室内设计师们提出了新的要求。

（二）科艺融合的智能化

科学是以人性之情探索宇宙之理，艺术是以宇宙之理表达人性之情。将这两个不同的概念相融合是现代社会人类思维和文化发展的主流方向。现代智能化室内设计是将科学的理念和成果以视觉的艺术形式表现出来，并用情感的艺术手法传达科学理念。

（三）古今并重的多元化

现代室内设计中要尊重历史，传承优秀建筑文化内涵。古今并重的多元化设计是通过现代化手段将优秀传统建筑装饰元素重新活跃起来，创造出与现代时尚相并存的多元化风格。特别是在人们生活居住的室内环境中要突显地方历史和民族文化，体现特有的乡土风情和地方风俗。

五、中国传统建筑装饰元素在现代居室美学空间设计中的理念

应用中国传统建筑装饰元素的历史价值、美学艺术价值、科学技术价值和启迪价值，结合现代居室空间设计中生态环保、以人为本、科艺融合和古今并重的设计新要求，运用中国传统居住设计美学中天人合一的环境之美、和谐统一的建筑之美、时空一体的空间之美和书香雅致的陈设之美，在此基础上形成绿色环保、风格多变、善意温馨和装饰丰富

多样的现代居室美学空间设计理念。

六、中国传统建筑装饰元素在现代居室美学空间设计理念中的表现手法

（一）直接沿用

在现代室内设计中，为了满足现代人们的审美需求，往往会将传统建筑装饰元素中比较优美而且简洁的雕饰、图案、几何纹样等直接引用。这种传统建筑装饰元素的直接沿用有时也会产生意想不到的效果。比如说将传统精美雕饰直接引用到园林建筑中，龙纹等图案在茶楼建筑装饰中也比较常见。这种将传统建筑装饰元素直接沿用于现代建筑中体现出了新的审美价值。然而，现代室内设计也不能盲目照搬，室内设计师们在引用元素时要结合地方特色和民俗民风，这样才能更好地迎合人们的精神审美需求。

（二）抽象变异

在现代室内设计中可以通过改变原有比例和结构尺寸来适应现代装饰材料与风格；也可以采取简化、夸大等手法来突显图形的特征。这些对传统建筑装饰元素的抽象变异手法既能体现出时尚的设计风格，也能丰富空间内涵。在某些建筑物中，在窗格、雕饰中运用抽象变异手法可以增加设计作品的鲜明性，对几何线条的进一步运用也可以增加作品迂回曲折的效果。

（三）解构重组

中国传统建筑装饰元素的解构与重组是建筑室内设计中常用的表现手法。通常采取打散、分解等方式，对传统建筑装饰元素进行解构；基于物质构成原理，再对传统建筑装饰元素进行解析；重组是对传统建筑装饰元素进行改造重构，将解构出来的元素重新排列、改变大小、变换方向，赋予传统建筑装饰元素新的生命力。

第三节　中国传统植物纹样在现代室内设计中的应用

一、植物纹样的分类

我国历史文化中保留下来的植物纹样数量十分丰富，但因为不同背景来源和文化内涵，在不同领域内使用中逐渐产生了不同的应用特征。按照《中古纹样史》中记载，目前有具体应用的植物纹样有几十种。其中既有水生植物蕨类、藻类纹样；也有大型植物构成的纹样，例如桃、石榴、松、柳等；有花朵构成的纹样，像牡丹、海棠、梅、菊；也有一些藤类植物构成的纹样，像葡萄、蔷薇等。植物纹样来源与特征不同，在一定程度上影响了植物纹样的应用方式与应用范围，但又没有固定约成的应用区间限制。在对植物纹样的应用中，更多的还是要结合植物纹样自身的审美特征，有方向性地进行匹配，来保障植物纹样应用的效果。

二、植物纹样的审美特征

植物纹样之所以能够在艺术设计中得到广泛的应用，与植物纹样本身所具备的审美特征有密不可分的关系。结合调查情况来看，植物纹样所具备的审美特征主要表现为以下几个方面：

（一）丰富的题材与风格

植物是自然界中最丰富的自然资源，与每个人的生活息息相关，与人类有着天然的情感联系。在与植物接触的过程中，人们通过自己的想象，赋予植物纹样不同的情感与节奏，抽象出形态多样的植物纹样内容。在艺术应用的过程中，无论是选取植物纹样的设计造型，还是取材植物纹样所代表的象征意义，都能够从中挖掘到所需要的设计元素。这为植物纹样在室内设计中的应用提供了良好的基础。

（二）生动而自然的形象

植物纹样取材于大自然中植物曼妙的造型和多变的曲线，抽象了植物千姿百态和灵动的线条，演化出种类繁多、形象生动的艺术符号。在适应植物纹样进行设计的过程中，基于对植物纹样的了解，可以帮助人们重新建立对自然的想象，找寻到自然亲切的感觉。而植物纹样丰富而变化灵活的线条，与人们生活自然地交错融合，又间接地将绿色植物艺术形象中的美感衍生到设计作品中，带给生活清新与活力。特别是在当今人们日渐被钢筋水泥建筑包围的情况下，渴望自然生动的形态和清新自然的绿色环境，已经成为越来越多人对美好生活的追求和向往。而在室内设计中充分地应用植物纹样，将蕴含在植物纹样中的自然生动的体验，与人们的视觉感知和生活体验融合在一起，增加人们的亲切感和归属感。

（三）深厚的文化内涵

中国人在浓缩提炼植物纹样的过程中，也赋予了每一种植物纹样特殊的文化内涵。中国人自古偏爱圆满、喜庆、平安、富贵等，并将这些情怀深深地融入传统植物之中。用植物纹样来表达自己的情感、寄托自己的情怀。传统纹样随着历史发展的进程而转化，具有不同的时代特色，而又和人们的生活习惯、文化习俗和政治经济等息息相关。当设计师将植物纹样融入室内空间的时候，融入的不仅是生动的形象和富有装饰性的美感，更多的是人们对于这些纹样背后象征意义的理解。与这些纹样相关的传统生活方式和民族文化情怀的呼应，在人们的内心深处留下带有美好的祝福和乐观的生活态度。这种情感深处文化的共鸣，也是设计师能够用自己的作品打动顾客的根源。

三、植物纹样在室内设计中应用的优势

（一）植物纹样具有丰富而灵活的造型

相对于动物纹样、几何纹样、人物像等造型元素，植物纹样造型丰富，表现形式多样，造型上的限制很少。这让设计师可以自由地应用，灵活地选择植物纹样。在长期的历史发展中，植物纹样没有形成等级制度观念，更多的是和居住空间本身的居住特征建立匹配，并因此产生了较为丰富的造型组合。而动物纹样种类相对较少，其造型复杂，整体性强，每一种动物纹样基本上都有其特定的等级制度限制和应用范畴，在变化形态衍生中也存在一定的难度。几何纹样形态简单、固定，线条严肃，应用在空间中存在较大的限制。人物像更因为其造型固定、审美特征简单，不如植物纹样多元开放的元素适合在室内设计中应用。所以从我国古时候，在室内的家具中以及丝绸等纺织品中应用最多的都是植物纹样。这些植物纹样自然生动，从内涵和装饰上提升了室内空间的艺术内涵与视觉美感，让居住者获得心灵与视觉上的美好体验。

（二）富有亲和力

植物纹样取材于与人们接触最多，情感也最为深厚的植物，散发着自然气息；融入室内设计中的植物纹样，会让人倍感亲和，获得居住空间最重要的融入感。取材于植物的植物纹样，保留了植物曲折自然的线条，蜿蜒的枝叶和绚丽缤纷的花朵形态。这些自然灵动的感觉，是人们很难通过自身想象创造出来的艺术特征，但可以帮助人们获得对大自然的联想。这种体验恰似人们喜欢在室内空间中种上几株绿色植物，以获得自然慰藉的追求一般，是人们保持与大自然联系的重要方式。近些年来，随着工业化对建筑和室内空间设计产生的重要影响，日渐被硬冷的直线和现代工业产品包围的人们，对大自然带有的亲和感的向往变得更

为强烈。而植物纹样在室内设计中的应用，可以帮助缓解来自工业化的冰冷感觉，给居住在空间内的顾客一定的自然体验，这也是现代室内设计中使用植物纹样的另一个重要的因素。

（三）特有的审美与文化内涵

植物纹样既是具有形态美感的抽象艺术概括，同时也承载着中国人赋予的特有的文化内涵。植物纹样中所承载的审美思想，代表着中国传统的审美观念。人们将自己对于自然事物的感情融入植物纹样中，以形写意，产生了特殊的妙趣。我国历史上产生了数量丰富的植物纹样，且在不同的历史时期又有着不同的形态变化。丰富而灵活的植物纹样以不同的方式融合了人们对自然万象的情感寄托。我国传统装饰艺术不重"写实"重"传神"，讲究表现。从植物纹样中抽象提取寓意情感的方式，也符合中国人传统的文化意识和形态哲学。

植物纹样所蕴含的吉祥美好的寓意，反映着人们淳朴、真挚的情感和独特的民族智慧，是人们获得精神慰藉和愉悦审美的重要载体。发展至今，人们将这种美好的寓意在植物中进一步融合到现代家居室内空间中，将这种美好而朴素的情感流传，满足人们对美好生活的联想。这也是植物纹样能够进一步发挥出其作用与价值的重要体现。

中国植物纹样在室内设计应用中具有一定的天然优势，这些优势一些是植物纹样本身的艺术特征与艺术符号所带有的，一部分是中国传统文化和受众群体的影响力所具备的。主要体现在以下方面。

中国传统植物纹样有着与中国传统文化密不可分的关联性。并且，经过了千百年的发展，与中国人的传统生活、生产制造、哲学艺术也有着深刻的关联性，有着中国人最深层文化情感和美学感知的认同。这些深层的情感上的关联与认同，决定了设计师设计的作品能够达到消费者的认可，能够触碰到消费者的情感，并构建消费者深层次精神的满足。中国是世界上唯一一个没有经历过文化断层的国家，文化底蕴浓郁，且发展类型丰富，在世界文化体系中也具有突出的优势。中国设计师运用代表具有中国传统文化的纹样所进行的室内设计，在其他的艺术风格中也会表现出一定的审美优势。这也是近些年来，我国传统中式设计，在经历了西方艺术严重冲击之后，不但没有发生反弹，甚至走出国内，产生世界级影响的内在原因。这足以表明中国传统纹样中的艺术美学特征，不是西方美学三大构成理论可以概括的。它基于中国传统文化与哲学思想，经历了中国人千百年的实践和改善，将美学结构从宏观具体到细节，具体到元素应用的方式与类型的选择中。这与西方美学构成单方面重视形态造型、美感体现的设计理论有着本质的不同。而且中国哲学讲究得"天人合一"等许多思想，有着人与自然和谐相处，共通融合的美学思想融入。这使得融入中国纹样后的设计作品，能够呈现出更加含蓄的文化内涵，体现人与自然和谐性的设计特征。近些年来，人与自然和谐相处，保护环境并尊重自然规律的认识变得越来越深刻。而与此对应的园林、建筑、室内设计也正在逐渐变成一种趋势，传统植物纹样可以在其中很好地体现出人们的需求，达到艺术美感与精神追求的和谐统一。

传统植物纹样具有丰富的表现形态，可以适应室内空间中多样化的家具、织物、装饰品、灯具对于美感塑造和设计思想导入的需要。其他的一些纹样形态，在室内空间表现上存在许多不适应的地方。以动物纹样为例，其寓意既有吉祥、幸福的，也有富贵、霸气特征的，但造型上一般有较多限制，与人们的情感联系也不如植物密切，且在室内空间应用上存在一定的限制；而几何纹等其他一些纹样，造型相对固定，类型也不够丰富，无法适应室内造型中不同产品之间的多元变化；只有植物纹样丰富的类型和表现形态，充满自然体验感的表现方式，能够做到与室内空间设计的完美融合。这也是在现代室内设计中植物纹样有着丰富多元的应用，而其他纹样在应用上面存在一定表现限制的重要影响因素。

近些年来，伴随着植物纹样在室内应用中的不断发展，工业技术的不断进步，传统植物纹样在室内设计中的应用有了更为丰富的表现形式。

四、植物纹样在室内设计中应用的表现方法

（一）直白法

直白法指的是在设计的过程中，直接取用植物纹样原来的形态，结合室内设计中装饰的功能需要，将植物纹样直接融合到设计中，以增加设计美感的表现方法。植物纹样种类丰富，具有不同的审美体验和艺术风格，能够适应室内设计中多变复杂、多样化的设计需要。例如很多家具、壁纸、瓷砖上面，常常会直接使用完整的植物纹样。这些纹样在其中大多不承担功能，但结构丰富，具有不同的色彩，能够带给整个室内空间与植物纹样类似的美感。直白法进行室内空间设计的好处是可以完全保留植物纹样的美感、形态，体现植物纹样的自然审美特征，容易和受众情感中的自然眷恋成分形成对接。但因为室内设计中造型的多变和复杂的加工工艺，直接使用的植物纹样在空间匹配上要做到恰当合适，其应用难度却也是比较大的。

（二）重构法

重构法指的是将原来的植物纹样结构打乱，重新进行组合设计的一种设计方法。重构中既有使用原来单一纹样的重构，也有将几种不同的植物纹样组合在一起，转化为新的纹样形态的重构。近代以来，不断受到西方艺术文化的影响，再加上工业文明对传统文化的冲击，周围建筑、制造业产生的巨大变化，国人的审美标准也产生了很大的变化。以室内设计为例，目前国内的室内设计作品中，有人喜欢传统中式的典雅，也有人喜欢现代的简约和英式乡村的淳朴。而如果单方面选择直接将传播下来的植物纹样应用到室内空间中，无法满足所有人的审美需求。

（三）隐喻法

隐喻法指的是使用植物纹样所包含的特有的文化内涵，在使用植物

纹样进行装饰的产品中随着植物纹样的应用，表现出植物纹样具有的象征内涵的表现方式。每一种植物纹样都有其特定的象征意义和文化内涵。传统文化赋予植物纹样的吉祥、平安、富贵、高雅等内涵，也是当代人在室内设计中对空间、家具、体验感的需求。所以在室内设计的过程中，应用植物纹样的时候，只抽象地使用植物纹样表现出来的一个大体的简约形态，装饰在室内空间的墙布、家具、地面或者应用到空间的造型中，当受众观看到这种造型状态的时候，会通过造型联想到植物纹样背后所象征的内涵与美好的寓意，同时，也带来了对于居住空间的祝福。

（四）材料置换法

材料置换法指的是，使用其他的材料，例如木材、金属、塑料等，以平面或者立体的形式，将植物纹样呈现出来，转化为室内空间中的装饰物件或者收纳物件。具体应用中，像一些水果盆、菜篮等物件常常在造型或者镂空部分使用一些植物纹样图案，实现功能与审美的融合。此外，还有很多植物纹样被加工成工艺品放置在室内空间中，给整个空间带来一定的生机和自然乐趣。材料置换让植物纹样适应了现代艺术在材料、风格上的一些新的变化，也极大地拓展了植物纹样的应用空间和表现方式。

五、植物纹样在室内设计中应用的设计思想

（一）植物纹样的美学思想

美学思想指的是植物纹样应用中体现其美学特色和美学规律的应用方式。植物纹样取材于自然界中与人们存在密切关联的植物，经过几千年来人们融入的想象、夸张、简化等造型手法的加工，进行了艺术浓缩，形成具有艺术感、带有美好思想寓意的图形符号。植物纹样几乎蕴含了所有的美学规律，具有规律化、程序化、理想化等形式美感的要求，并

在演变中实现了与人们审美的完美匹配。这也决定了植物纹样中蕴含的丰富的审美特征，而这些设计思想与东方民族传统的审美观念，如讲究含蓄、重视内蕴的思想有着天然的吻合。在室内设计中，通过将植物纹样抽象概括，或者将其灵活融入室内作品中，抽象其中的美学设计特征，可以完整地体现植物纹样中与中国人传统相符合的审美理念，直观地将美学思想呈现，并因此可以获得受众情感和审美上的认同。近些年来，快速发展且日益成熟的现代化设计理念，对我国传统人们的居住空间产生了深刻的影响，之后国人普遍开始反思传统，以及传统与现代艺术的融合。这种融合更多地表现为美学思想之间的碰撞和选择。而在此过程中，植物纹样是代表传统艺术风格且具有灵活实用性的元素，将植物纹样中融入的美学思想转化到相关的产品和空间设计中，呼应国人传统情怀中含蓄的思想情怀，来满足当代中国人对室内设计艺术的独特追求。

（二）植物纹样的艺术思想

植物纹样拥有丰富的内涵和寓意。在室内设计中融入这些寓意，可以带给室内空间更多的思想性和趣味性，满足居民对室内空间情感上的需求；在具体的设计思想方面，有象征、谐音、寓意等不同的表现方式，这也是植物纹样本身艺术思想体现的方式。

1.象征

我国悠久的历史文化赋予了不同的植物、花朵不同的寓意。例如传统文化中使用牡丹和芙蓉组合，象征"荣华富贵"；使用牡丹和常春花组合，表示"富贵常春"；另外用松树代表长寿，用水仙代表神仙，用石榴代表多子多孙，葫芦和葡萄代表子孙繁衍，有生生不息的含义。这些植物所蕴含的象征意义，在室内设计中通过抽象的植物纹样代为传达，融入室内空间中，以象征的形式，表达美好的寓意。

2.寓意

寓意是植物纹样经由某种民间故事或者传说，而被赋予的特殊的含义。在历史发展中，很多植物被编撰到一些特定的故事中，在其中扮演一定的角色，并因此成为某种文化的象征和寄托。例如佛教将莲花视为西方净土的象征，誉为画中君子；在我国纹样中使用两朵莲花的形态，来表现"相敬相爱"的含义。我国传统文化中赋予植物纹样丰富寓意，并将这种寓意融入不同的植物中。随着植物纹样在艺术中的应用，代代流传，成为赋予民族文化寓意的典型符号。在当代室内空间设计中，使用植物纹样的寓意，表达对家居环境的美好祝福，也是植物纹样表达设计思想的重要方式。

3. 谐音

谐音是植物纹样应用到室内空间设计中的另外一种重要的设计思想，也是中国人赋予万物的特殊的思想情结。例如中国传统文化中使用玉兰、海棠、牡丹、桂花相配形成谐音"玉棠富贵"；使用"红枣、花生、桂圆、莲子"谐音"早生贵子"；用"喜鹊和梅花"谐音"喜上眉梢"等，都是使用植物名字中的谐音成分来表达某种特殊的祝福。谐音在中国传统文化应用中十分广泛，有丰富的艺术表现形态和案例，并随着我国传统文化的发展而日益丰富。在当代室内设计中，借助植物纹样谐音来表现室内设计思想的方式依然十分受用，而设计师也可以按照自己对植物设计纹样的理解，对其进行重新组合，来深化这种思想和主题。

4. 综合应用

除了这几种植物纹样的寓意应用之外，将不同的植物纹样以不同的表现手法组合在一起应用的方式表现得更为丰富，应用的也更多。例如我国传统文化中著名的"四君子（梅、兰、竹、菊）""五清图（水、月、松、竹、梅）""岁寒三友（松、竹、梅）"多子、多寿、多福的石榴、桃子、佛手等，其中既有寓意的使用，又有谐音的配合，又有象征的含义。这些丰富而寓意深远的组合，成为我国传统室内设计中重要的装饰元素，体现在厅堂的挂画、屏风图案、家具装饰等多样的细节之中。而发展到今天，这些植物纹样既有在传统中式设计风格和家具中的进一步延续，也有融入现代室内设计中以简化方式的抽象表达，无论是以哪种形式呈现，都是中国人意识和文化中不可缺失的精神内涵。

（三）植物纹样的文化内涵

文化内涵是融入植物纹样中的一种重要的思想元素，也是植物纹样设计应用中重要的美学特征。植物纹样中文化元素的积累，来源于千百年国人关于哲学、社会、生活的感悟，是中国人独特文化追求的浓缩与寄托，带有鲜明的民族特色。这些文化内涵以自然为基础，连接了人与自然、自然与空间之间的辩证思考和情感互动，带有中国人对大自然独特的哲学感悟。例如"仁者爱人""天人合一"等思想，讲究自然与人的和谐统一。纵观植物纹样产生与发展的历程，植物纹样无不代表着吉祥的寓意；他们用美好的纹样来解除各种民间禁忌，依托祈福求吉的心愿。也正因为如此，中国建筑室内装饰有着饰之有物、物之有质的追求。所有的装饰都要求与文化内涵、礼仪制度相吻合，并以此形成我国装饰的风格特色，成为现代装饰文化的沃土。

六、中国传统植物纹样在现代室内设计中运用的创新与发展

植物纹样形态丰富，线条流利，造型适应性很强，同时又具有丰富的文化内涵，符合中国人的审美哲学，这都为植物纹样在室内设计中提供了重要的支撑。但近代以来，随着现代工艺技术的不断进步，应用到室内设计中的材料、风格也变得越来越丰富，植物纹样也逐渐以越来越丰富的形态呈现在室内设计中。我们的室内空间艺术美感的塑造和思想主题的升华为室内设计提供了多元的支持。植物纹样在室内设计中的应用，也让这一具有鲜明中国传统文化符号特征的元素，得以流传与发展；让中国文化和中国设计随着室内设计装饰的应用，获得流传与发展的机会。

（一）新材料和新工艺表现形式的创新

首先，新的材料和工艺技术的发展，为植物纹样带来了更为丰富的表现形式。新材料像金属、塑料、陶瓷、玻璃、涂料、工业纺织品、石材等，不仅改变了人们构造建筑外形与室内空间的艺术表现方式，也为植物纹样的应用提供了新的空间和表现方式。在现代科技的帮助下，艺术家们将传统的植物纹样经过艺术再处理，融合到这些新的材料之中，丰富了现代装饰材料的造型，也带给了植物纹样一定的现代体验感。

塑料是现代材料中与植物纹样结合得比较好的一种材料。对于塑料的塑形，一般使用固定好的模具，将塑料融入后通过造型来体现。伴随着模具加工技术的进步，塑料成型的条件也有了快速的成长与发展，所呈现出来的形态对比之前也有了多元的变化。借助塑料成型，不仅可以将一棵完整的树表现出来，还可以使其得到永久保持，在室内空间中完美地达到自然融合的效果。这也为植物纹样在进行室内设计应用时，提供了极大的保障。

除了材料上的新突破之外，传统工艺的转化与植入，也是推动植物纹样在现代室内设计中获得进一步应用与发展的重要力量。例如剪纸、雕塑、纤维工艺等，通过植物纹样将其塑造和表现出来，成为影响植物纹样获得进一步发展的重要表现方式，也极大地提升了植物纹样的塑造与升级空间。剪纸艺术是我国最流行的传统民间艺术形式，产生于公元6世纪左右。与植物纹样一样，深受宗教、装饰和造型艺术的影响，因此形成了不同格调、清新秀丽、线条纤细的风格和夸张、对比、动态的艺术塑造手法。发展到今天，剪纸工艺逐渐与现代技术及其他工艺发生了融合，甚至吸收了西方文化中的元素，展现出不一样的艺术魅力。剪纸和植物纹样的镂空雕塑风格之间有着天然的关联和相似的艺术表现，只是长期独立的艺术发展脉络，在取材和表现上存在一定的差异。随着两种艺术的融合交流与发展，吸收了植物纹样的特点，广泛应用到室内空间中的剪纸造型，也开始被不断地创造出来，成为室内设计中植物纹样表现的一种新的亮点。雕塑艺术包括木雕、竹雕、石雕等不同的雕塑形式，雕刻技艺和表现手法为今天室内装饰设计多元化的发展提供了重要的灵感来源。使用雕塑手法来表现植物纹样，精致多变，富有旋律，如梦如愿，可以立体性地展现纹样的艺术形态，展示不一样的艺术美感。

新材料、新工艺，新艺术形态的导入，从视觉和材质上面改变了人们对于植物纹样的传统印象，营造出更符合现代审美特征的植物纹样艺术风格，这也极大地提升了植物纹样在现代空间内的应用范围，改变了应用方式，也提升了植物纹样在室内空间所可以创作出来的艺术美感。

（二）传统植物纹样在室内空间中应用的发展趋势

植物纹样在室内空间中的应用，正在经历一个传承传统文化元素，积极进行符合现代受众审美特征的转型与发展的关键阶段。融合在植物纹样中的艺术表现元素与表现风格，也正在逐渐对新时期植物纹样艺术的应用，产生重要的改变与突破。从整体上来看，植物纹样在室内空间中的应用方面，所表现出来的艺术特征可以概括为以下两个方面：

1.传统艺术意蕴传承

植物纹样很好地传承了我国传统文化与传统哲学的艺术意蕴和哲学思想，而这种艺术意蕴和哲学思想是属于我国整个文化与艺术的重要思想艺术内涵。近代以来，我国传统文化艺术受到了西方文化艺术的冲击，传统文化体系中的很多内容也因为与现代工业社会的不融合而面临淘汰。而在此背景下，对于传统文化的传承与发扬，就不能再局限于形式上的保留，更多的是要积极地进行文化意蕴的融合，结合传统文化意蕴，使用现代工艺和材料的艺术再造。传统植物纹样形式丰富，文化意蕴浓郁，是重要的民族文化遗产，也是可以与当地室内设计艺术融合的重要文化元素。在室内设计应用的过程中，不再过分拘泥于传统植物纹样的结构形态，将植物纹样中使用到的美学构造手法、民族文化特征分离融入新一代的工艺材料中，塑造出具有植物形态的新的艺术形象，已经成为新时期植物纹样应用的一种趋势。而这种对于纹样中思想文化元素的继承和发扬，也可以在应用植物纹样的过程中，将属于我国民族艺术的美学内涵传承与保留下来，让民族文化艺术得到延续与发展。

2. 当代艺术融合

全球化趋势下，世界各国的艺术文化之间发生着深刻的交流与碰撞，不断地融合与创新。室内设计在人们追求更舒适、更理想、更科学的空间设计的背景下，努力探索着全新的设计理念、绿色设计、生态设计。新的设计思想逐渐产生，关于绿色植物纹样应用的方式和价值的探索也在不断深化。在此背景下，关于绿色植物纹样的设计和应用，已经不再是单—民族、单一艺术风格的自我实践，而应该是要积极地融合当代艺术之后再进行的深入创新。所以植物纹样本身也在应用和材料使用上不断地发生突破，室内设计艺术中的植物纹样也在不断地走向现代化、国际化、多元化。

第四章　环境艺术设计与光影之美

第一节　光与光影概述

一、光的基本认识

景观设计中大部分是以自然光为主。人在景观空间活动的特定因素就光照指标而言，不同的功能需求就会有不同的光照指标。天然光的角度是由地球自转和公转的因素影响，而光照指标中影响光照强度的包括下列几个因素：地域的天气、不同的季节、时辰和地理位置。随着生产力的不断发展，生活条件的提高，人类对生活质量以及视觉舒适性的要求也是越来越高。自然光虽存在一些弊端，与人造光通过宏观对比来看，其优势和逆势也是非常明显的。太阳光作为最稳定的光源，其光量充足是其他人造光来说不可比拟的；以后续的时间跨度来看，太阳光作为一种绿色能源其可持续性也是不能比拟的。其特点可以概括为取之不尽，用之不竭。

光照主要由照度来表示，人在景观中需要有特定的光照度指标，人的视知觉也会有相对应的应激性。因此，在设计中对光环境的利用要充分考虑人的因素。不仅要清楚光影概念，同时要考虑大气的浑浊度（水蒸气和微粒的含量）、湿度等情况。景观设计主要是在城市规划的背景下，对小场地空间进行布局，其地理情况不能改变。人工照明的辅助功能在满足功能性和氛围上有着特殊的优势。人工照明的特性就在于照明工具和照射方式，城市亮化设计中照明已不是唯一的功能，更是在追求光的氛围色彩效果艺术的表现力，这正是光影设计中人工光的特殊功用。

随着时代的发展，人们在室内工作和活动的时间越来越多，也越来越习惯灯光下的工作和生活。所以设计师在进行室内设计时也越来越关注室内灯光的设计，而忽略了自然中的光影设计。自然光是大自然与人亲近的沟通桥梁，从健康角度讲就是人要亲近自然，要走进大自然。所以，要想实现生态可持续性，就要提倡用自然的方式去采光。

二、影的基本认识

除了光本身，与之相伴的"影"，在文化中总是代表了与"光"相对的另一方面。人类很早就通过自然光认识到光与影的不可分离性，对"影"的关注与利用一点不少于自然光。

影的一般意义即指阴影。阴影是一种光学现象，是光线在同种均匀介质中沿直线传播，不能穿过不透明物体而形成的较暗区域。影将大自然中所有的图形，以负的形式抽象成平面的图形。阴影有两种形式——轮廓阴影和投影阴影。

光与影是自然赋予的对比，时刻存在于我们的生活中。多数情况下我们不会刻意关注它的存在，除非我们用到它时。它们就是这样一种谦卑的存在，但并不影响科学家与艺术家对它们的追求与探索。在本文中所研究的光影，不单包括光与影所创造出的一种视觉效果，也包括光影带来气氛、情绪及其在环境艺术设计中的艺术性作用。

三、光影的基本认识

光影在设计中不具有实实在在的形，它有别于形态塑造中点、线、面的形体关系——能看得见、摸得着。而光影则是在三维空间中探讨光线形态及其综合变化的影像，能看得见，却摸不着。将光影关系纳入设计中，能增加形态的表现力与感知力。

光影的类型按光影透射的具体形状，可分为如下几种：

（一）点光

它可以指以质点为中心，向四面八方发出光线的点光源；也可以指光线透过小孔投影在某个介质上所形成的点状光斑。在日常生活中，单一的光源发光点都可以看作是点光源。在产品光影形态塑造中，点状光斑主要是指投影后的光线形态汇聚成一个视觉意义上的"点"，这个点既可以是圆形的、方形的，也可以是不规则形的。点状光斑往往能提升产品的视觉效果，起到渲染气氛的作用。

（二）线光

它是指由点光源或者点状光斑构成的连续光线的形态，其发光带或光斑的总长度远大于其到照度计算点之间的距离，可视为线光。线光所呈现的视觉形态包括直线、弧线、波浪线、自由曲线等线性类型或由该线性类型所构成的线状图案。

（三）面光

它是指由点光源或者点状光斑构成的具有一定面积的光影效果，点光和面光的说法是相对的。在光影形态中，面光通常能构成整体的视觉效果，具有固定的边界线，能产生稳定地形的特征。常见的面光有 LED 面光、OLED 面光等。

按光影变化前后的效果对比，其可分为如下几种：

1. 静态光影

静态光影指光影的点、线、面形态呈相对固定的视觉效果，或截取某个运动中的光影效果瞬间定格的光影形态。静态光影强调的是稳定的光影形态特征。

2. 动态光影

动态光影和静态光影相反，强调的是光影变化的过程，即在一定的条件下，光影的点、线、面形态出现前后不同的视觉效果，这种变化是具有流动性的。通过把握不同的光照条件的变化与不同材料介质的透光性，营造丰富的光影效果。

四、光环境概述

没有光就没有万物。它给人们带来光明，让人们有能力去发挥自身的视觉功效来感知各种各样的空间甚至是空间中物体形态、色彩等的存在，从而逐渐认识整个世界。另外，光作为除色彩、结构、造型等之外的一种有效的独特视觉语言，在生活中也更具有随意性和可变性。通过改变不同的角度、不同的组合方式从而使人们对形体产生不同的感觉。而光则以空间为依托，呈现出其变化及表现力。

光环境与色环境、声环境是并列的，属于整体环境构成要素之一。创造舒适的光环境，提高视觉效能，是建筑光学的主要研究课题。因此光环境设计起初被用于现代建筑空间设计，更是有许多建筑师运用光对人们的心理影响来表达建筑的魔力。如安藤忠雄设计的光之教堂、冥想空间等建筑。光作为很有灵性的设计元素，经常被建筑师用于对建筑空间的塑造，经过光环境处理过的建筑，总能让空间蕴藏着丰富的表情以及神秘的气息，能够带给人们不一样的心理感受和精神享受。

现今，光环境设计不仅是建筑设计及城市规划的重要组成部分，也是室内设计好坏的重要标准。良好的光环境不仅要达到一定的照度、亮度等质量水平以满足人们正常的工作、生活和学习，还要营造不同的氛围，塑造出一个带给人们不同感受的室内空间。为此，我们要了解和研究光环境设计，从而创造出具有意境效果的室内空间。

五、室内空间意境

(一) 室内空间意境概述

室内空间意境作为一种只可意会，不可言传的抽象观念形态，其生成源于空间主题与氛围的设定。而"主题"则源于诸种要素的综合应用，这些构成要素综合形成一种无声的语言环境，表达出特有的意境和情调，使人们在这个环境中产生联想，从而得到精神上的享受。空间有限意无限，优秀的设计师善于将各种设计元素有效组合起来，利用其特征整体分析、精心策划，并赋予人性化的创造，在有限的空间内营造无限的意境。

(二) 室内空间意境的形成要素

意境的形成是一个多层次、多方位的系统工程，室内空间意境亦如此。即以情与景为基础，由创作者和欣赏者通过观察、体验、联想、想象等思维活动所共同创造的一种艺术形象。研究室内空间意境的形成，对后期能够欣赏并营造出具有意境的室内空间环境都具有一定的实用价值。

1. 情与景为形成基础

"情"是作者在特定境遇所生成的心境、情境；"景"是作者审美情感所创造的能成为"境"的景。两者的关系不是简单的杂合拼凑，而是需要交融渗透、契合无间、相互统一，是意境最基本的构成要素。意境指的是由"景"引发"情"的过程，而"景"便需要通过各种表现方法和手段所营造出来，情与景的统一、意与境的统一，经过提炼思想感情和审美意识，而又在情景交融的基础上，让人引发想象且产生共鸣并进入到一种虚幻的境界。唐代诗人王昌龄在《诗格》中提到："诗有三境：一曰物镜。欲为山水诗，则张泉石云峰之境，极丽绝绣者，神之于心，

99

处身于境，视镜于心，莹然掌中，然后用思，了然景象，故得形似。二曰情境。娱乐愁怨，皆张于意，而处于身，然后弛思，深得其情。三曰意境。亦张之于意，而思之于心，则得其真矣。"该三境可被看作三种渐入佳境的艺术创作手法，亦说明情、景是意境形成的基础要素。

在室内空间中，通过对空间中的"景"（空间形态和尺度、光环境、色彩、材质等）进行综合设计，呈现出一个视觉环境（物境），一个能影响心情和情绪的心理环境（情境），甚至是一个能够引发联想和想象的心理环境（意境）。如下：

第一，空间形态和尺度作为最基础因素，对室内空间践行不同意境的营造，能影响到人的情绪变化和心理变化。如众多教堂空间形态窄而高，使用者身处具有强烈竖向感的空间时，就会产生向上的心理和情绪，营造出一种能激发人们产生兴奋、崇高、激昂情绪的意境。

第二，光环境作为意境表现的工具，能调节室内空间中的界面关系。丰富界面内容，营造不同的明暗、光影等形态效果和不同风格的室内空间氛围，增强室内空间的意境氛围。如"光之教堂"，白天的阳光和夜晚的光线透过墙面十字架投射进来所形成的长长阴影，由于周围环境的黑暗使整个空间表现得更具立体感和戏剧性。就像一道圣火出现在黑暗之中，神圣的精神力量和宗教信仰被形象地传达出来。

第三，色彩要素可以引起人们的联想和感情，给人们带来某种视觉上的差异以及艺术上的享受，且能起到改变或者创造某种格调的作用，成为室内空间意境表现的灵魂因素。

第四，作为室内空间环境必不可少的材料，其质感及组合使用，影响着空间意境的营造。由于材质的形态、色彩、光泽、肌理、粗细、透明度等方面的不同，人们就可以利用这些元素的变化营造出丰富多彩的意境空间。人的不同情感在空间中都可以找到不同的载体材质，想要使材质美得以呈现，意境得以形成，就要合理地去组织材质的形式和结构。只有这样才能准确地表达人们的情感诉求。

第五，室内陈设在室内空间中能够提升和增强内部环境的文化品位以及艺术气氛。虽体量不一定大，但其设计是灵活、动态的。利用不同的构成组合方式，再加上室内设计本身就是一个综合性的整体，精心设计、搭配上恰当的重点照明以及对主题构思、色彩图案，能够充分体现设计师的真正意图，凸显出不同的意境效果。比如，耶路撒冷的岩石清真寺室内红色地毯，就有效衬托了绚丽的空间；空间因重点突出而呈现完整统一，又象征着伊斯兰教所追求的勇敢、和平与繁荣的坚定信念。

2.创作者和欣赏者共同完成

首先，创作者需要进入审美状态，成为创造性的审美者，只有带着审美的眼光看待自然物以及人为物时，才能进入一种审美的境界，才能产生艺术创作以及空间设计的冲动和灵感，否则，其呈现出的作品就可能难以称为艺术品或者完美的空间。其次，当艺术品被创作或室内空间被设计出来，而观者又无法欣赏和揣摩，那作品或空间也就失去了其应有的意义。创作者进行创作的目的是让欣赏者在欣赏作品内容的同时能获得美的享受，这也是艺术的存在目的，而真实感人的艺术形象，必然会引导欣赏者去构想出一种新的境界。当然，如果欣赏者想要在自身角度形成深层的意境，就要发挥主观能动性，用亲身经历去感受并丰富那些作品或空间，并且能够用想象和联想去补充。

3.需要观察、感受、想象等思维活动

意境由实境（直觉形象）到触发虚境，产生幻想、联想、想象，同时凭借艺术家或欣赏者情与理辩证相生的认识与想象能力，进一步完成实境遇虚境的相互包容、渗透与转化的完整意境。所谓意境的创造，就是指通过引发和开拓实境得以实现的具有深厚艺术内涵且跨越了艺术时空的审美想象空间的过程。美妙的文章总能饱含着情感、哲理、韵味等陶冶感染欣赏者的因素，作品中总能弥漫着作者主观的情感、意志以及对人生的体验、思考。欣赏者通过自身的个体经验去观看和感悟，各种

感受互相交织，形成一种道不尽的情韵，意味无穷。因此，不管是艺术创作还是空间设计，都需要创作者不断观察和感受，不断激发自身的创造力和想象力，从而对生活情感与感受进行创造性地领悟和表现；同样也需要欣赏者在欣赏活动中用自身真切生动的经验去观察，注入自己的感情去感受作品的意象以此获得意境美的审美感受。

意境的形成由创作者的创作和欣赏者的再创造而形成。其中，观察、感受、想象是必不可少的思维活动。

六、室内空间意境与光环境设计

在现代建筑及室内空间中，光成为不可或缺的因素，对于生活环境中的一切事物的形态、质感、色彩等都有所反映。如果没有它，就没有视觉可言，空间也就更无从谈起。"近观其形，远观其势"，虽然光是最廉价直接的艺术手段，但同样可以塑造情感空间、表现特殊情感，创造出别具一格的文化、视觉意识。光线是强有力的语言，不仅能权衡人类生活的质量高低，也能够让室内空间呈现审美艺术性，成为室内设计中能够体现"意境"不可回避的独特因素。

室内光环境设计不仅局限在其技术和使用层面，也作为一种特殊手段对空间进行界定、分割；另外在审美层次上，光对人的生理及心理都能够产生直接的影响。因此，建筑或室内设计师拥有着极大的热情，力争将在空间中能够营造气氛、塑造内涵以及强化意境作为空间光线好坏的标准。

光环境作为意境表现的工具，能够调节室内空间中界面之间的关系。丰富界面的内容，营造不同的明暗、光影等形态效果，其良好的运用能够营造出不同风格的室内空间氛围，塑造室内空间的意境。

七、光环境设计对室内空间意境营造的对策

（一）利用光环境的技术要素满足空间功能需要

在室内光环境设计中，由于自然光的不可控制，设计者会对灯光照明设计倾注更多的思想和精力。现在的照明，目的不只是将其作为视觉需要而达到正确识别空间环境中所欲知对象和环境状况的要求，还要让室内空间环境满足生理或心理甚至精神上的需求。照明设计的正确定位应该是以人为本，不管是使视觉达到舒适的程度，还是需要在生理和心理上让使用者得到慰藉。研究重点在于从形式原理的角度出发去探讨光的艺术设计的表现技巧和方法，室内空间意境的营造对灯光设计提出了更高层次的需求，但这些都是需要我们研究光环境的物理特性，来使用一系列技术要素作为更基础的支撑。因此，在进行照明设计时，应全面考虑并且恰当处理各项照明质量指标，如照度、亮度、色温等要素，合理的照度水平和照度均匀性、适宜的亮度分布和光源色表和显色性，都在技术层面上控制着光环境的好坏。例如，照度作为一个间接的指标，能够决定受照物体的明亮程度。人体视功能的提高与照度有关，照度的提高会导致视功能的提高，但也存在一定的限制范围。照度的差距造成人的感受不同，因此空间需要合理的照度分布，也应该具有一定的均匀度。

另外，视野内适宜的亮度分布也是其舒适视觉的重要条件。相近环境的亮度应尽量低于被观察物的亮度。同时，也需要从审美角度考虑，按空间的主次关系对不同空间进行适度的亮度搭配，形成一定的节奏感。

当然，不同的空间、不同的功能区域所要求的不同的物理参数是不同的，如在住宅空间、办公空间、商业空间等照明参数不同，又如在住宅空间中的客房、卧室、餐厅等功能分区照明参数也不同。因此在设计的过程中做到具体问题具体分析，尽可能地利用综合的技术指标呈现出

高质量的室内光环境，为后期的灯光艺术表现奠定好的技术支撑，实现实用性和审美性的统一。

（二）利用形式美法则对光环境的视觉要素影响提升空间审美效果

室内外光环境设计中，要充分结合光与空间构件，表现出空间的层次，清晰表达出环境的结构与形式。此外，还要对各种形式因素之间的联系加以研究并总结运用层次与对比等形式原理对光的分布进行构图，争取能够使光达到一个均衡、稳定的审美效果与视觉舒适度。为此，设计师要凭借一定的表现技法呈现出光的艺术效果。形式美法则就是人类在创造美的形式、美的过程中对美的形式规律的经验总结和抽象概括。形式美与意境美是相辅相成的，二者是光环境设计中不同认识层次的美。形式美指的是一种表象的美，需要通过观察者对室内空间的感知获得；意境美则是一种内在的美，想要获得此种美感，不仅需要感知室内空间，还要在此基础上对整体空间进行理解、联想等。

简而言之，不管是形式美还是意境美，都必然统一在室内环境的实际营造之中。如果说形式美在于悦目，那么意境美则在于赏心。在室内环境中，要成功地营造出室内空间之美，就必须尊重民族的审美习惯和精神气质。而且在表达崇高精神意趣的同时，也必须注重对形式美的挖掘和探索。只有继承和发扬传统的精华，并在表现手法上不断探索创新，才能使室内空间之美呈现新的风貌，更加丰富多彩，更为赏心悦目。

1.利用对比与和谐的形式综合布光

光环境的对比和谐包括形式对比、亮度对比、光影对比、光色对比、虚材质与实材质光效果的对比等。

第一，形式对比。光的形式对比主要是点、线、面光源所发射的不同的光分布形式，利用点、线、面光源各自不同的观感效果，虽然能够形成平静的美，但是也会给人以乏味的感觉。尤其是在大面积空间的运用上，还是要将三者进行结合设计，运用形式感之间的对比产生灵动和谐的效果。

第二，亮度对比。灯光的亮度对比手法在室内空间光环境设计中有着重要的作用，能够创造出良好的环境气氛。例如，当想让空间的效果是安静且和谐的时候，可以选择漫射灯光或间接照明或面状光源进行照射，亮度对比相对较低；当想让空间的效果是活跃、浪漫的气息时，可以选择重点照明或点状光源进行照射，亮度对比相对较高，整个空间明暗并存。如室内的空间存在连续性，这就要求设计师对亮度进行合理控制，避免对比悬殊的亮度出现，对视觉造成不适，这也属于运用和谐的设计手法。

第三，光影对比。光影对比通常可以在明暗对比的基础上增加室内空间的立体感。因此在空间照明设计的过程中，为达到某种更深层次的氛围或意境，可以充分地利用这种表现手法去丰富空间的内容或者变化。例如，在自然光线的照射下，某些单一的结构或者受照物体就可以呈现出其除了结构本身以外的空间效果。不论是在墙面上、还是在地面上，这就能够形成视觉上的韵律感与虚实关系。在光影对比的空间光环境设计中，光与影可以作为单独的处理手法进行表现，也可以同时将两者融入室内的设计当中，不同位置，不同形式，对光影造型的影响是各种各样的。因此想得到良好的光环境艺术效果，就要运用得当，控制得当，这样才能丰富空间内涵。

第四，光色对比。适度的光色对比能够改善空间的感情特征，过多或过少的表现都能够给空间中的人们带来不好的心理感受。在光环境中过多地使用冷光，空间就会因此失去清凉、硬朗的特征，而会让人产生不易接近的感觉；在光环境中过多地使用暖色光，空间会因此失去温暖、恬静的特征而会让人产生不适感；通过光源色彩的对比，就可以缓解极端的效果，达到空间感情色彩的和谐。而彩色光源的结合使用，更是特殊空间氛围营造所必不可少的手段。另外，色彩的对比也可以与不同灯具形式相结合。根据不同的功能使用，构成光色对比，发挥出异彩纷呈的艺术效果。

第五，虚实对比。空间虚实对比的主要手法就是将背景处理为虚，背景的中心处理为实，类似于中国画中的留白现象。这种方法容易在空间或界面上形成一种主体突出，或隐或现的感觉，整个空间给人以朦胧、幽邃、遐想迭起的气氛与意境。此时，环境照明可以是相对幽静的背景，照明方式上选择低照度的暖色漫射光，局部照明的选择可以是高照度的光源，如局部照明是漫射照明方式，体现的则是甜美感；如局部照明是直接、半直接照明方式，尽管受照面具有明亮感，但从整体光环境看来，受照部分却在一定程度上富有神秘感。

2.利用连续与序列的方式综合布光

连续指的是相连接续，使用在空间中能够让观者的视线得到扩展或导引，也可以更明显获得空间中所要传达的空间元素或符号，形成深刻的印象。序列指的是依次或按照某种顺序进行排列，如室内空间中的冷暖、明暗、大小、聚散等顺序，这可以让光环境效果更加具有层次感，以此获得极其丰富的视觉效果。

人们在连续的空间中往往能够更快获得整体的感受与印象，但空间的序列层次会更能够激发甚至引导观察者心理上的变化，这就要求设计师尽可能地使用不同的照明方式或者不同的光环境强弱、色调去丰富光的层次，让光环境中的照明序列更加明确和丰富。

3.利用流动与静止的方式综合布光

流动灯光与静止灯光两者之间的意义存在两种：第一种是绝对的，这种光环境的设计是利用智能技术手段，如变频、旋转等；第二种是相对的，这种光环境的设计是利用组织形式的不同进行灯光动态的体现。

绝对意义的灯光流动主要用于舞厅、舞台、夜总会等娱乐会所，通过技术上的灯光处理，就可以让整个环境产生热情洋溢、自由奔放的气氛，空间给人以光彩夺目、熠熠生辉的视觉冲击。

相对意义的灯光流动主要适用于像酒吧、咖啡厅等这种相对休闲的场所。照明设计让整个环境产生相对轻盈与活跃的空间气氛，打破那些原本过于平静、安逸的氛围。

灯光的静止体现的是安定、平稳、静谧、祥和。适用于绝大多数空间的布光。

八、光环境设计对特定室内空间的意境营造

（一）宴会厅的光环境意境营造

宴会厅的设置主要是由活动的举办仪式等安排的。作为重要的社交活动场所，需要满足各种活动的各种要求，尤其是其中的隔断设置，需要可开可闭。同时，光环境的气氛营造也是尤为重要。举办活动时，空间需要聚集大量的人流，整个空间需要展示强烈的奢华感以及热烈的氛围。

宴会厅是人流聚集的场所，整体空间较大，因此需要较高照度值的光源满足空间的功能需要；亮度以及光源色彩的选择上，由于宴会厅接待的活动不同，场景不同，设计师就要根据现场情况进行定夺。尤其是现在的科技比较发达，在空间设计时就要在这些重要区域安装电脑可控的调光系统，结合不同场景改变灯光的照明模式；色温在宴会厅的光环境设计中也相当重要。在整个空间中，对各个界面以及对餐桌等局部物体的照明色温要保持统一，这样才能使得室内空间的色调分布相对和谐。同时，显色指数在宴会厅照明光源的选择上也是不容置疑的。灯具的选择要庄严隆重，所有灯具的造型和色彩要根据宴会厅主题进行调配；主光源可使用大型水晶吊灯或者在天花上做大面积的顶棚照明面光源；局部也可以使用筒灯、射灯进行重点照明，或在墙壁或柱子上选用与整个空间搭配且有特色的装饰壁灯进行渲染意境和气氛。

（二）中餐厅的光环境意境营造

在当代高科技迅猛发展的社会，人们仍然关注着中国传统元素和传统文化。因此，衍生了中餐厅设计。中餐厅的设计比较注重对中国传统文化精髓的追求。其目的在于让人能够体验各地民族风情的同时还能领略到中国博大精深的传统文化。需要注意的是，设计前需要对餐厅的风格以及想要表达的主题进行定位，然后根据主题风格对应元素的表达进行设计，充分发挥中国传统文化特色。

中餐厅的照度选择相对较高。中餐厅光环境的意境塑造需要以中国的传统风格作为重要基调；再加上中国人向来喜欢灯火通明的光照氛围，优雅和休闲是人们在中式餐饮文化中所重点体会到的感觉。因此在照明方式上要以一般照明，即环境照明为主，然后使用部分点状光源或线性光源进行局部的重点或装饰照明。由于显色性差的光源会使食物变色，从而让人失去兴趣和食欲，所以在灯具的设计和选用上，可利用作为重要的中国传统风格元素之一的中式宫灯，在空间中进行重点照明或装饰照明，突出餐厅的主题风格，并创造出视觉上具有东风韵味的地道中餐厅。另外，为营造出典雅与醇厚的空间氛围，设计师常常利用花灯结合顶棚的造型进行设计。花灯一般使用中式的传统文化元素，顶棚常使用平齐结构，再加上中国传统的装饰纹样，如卷草纹、龙凤纹等，由此，不同风格的中式餐厅就被设计出来了。

（三）咖啡厅的光环境意境营造

生活中，人们常常喜欢去咖啡厅，那是因为身处这种具有温馨浪漫、安静优雅气息的时尚空间可以放空心灵或随意幻想，能够使身心达到一个放松的状态，好好享受一下幽香的咖啡，三两好友畅所欲言。因此，光环境设计在咖啡厅室内空间中是否能有较强的表现力，显得尤为重要。

首先是在咖啡厅室内的采光模式上可以充分利用自然光对空间进行意境上的营造，这能够塑造出一个具有情趣和浓厚自然气氛的光环境。

当采用水平的天窗时，人的视野就相对开阔。同时，由于太阳角度的不断变化，咖啡厅内的光影变化也丰富起来。天窗的大小也对会室内光环境的营造效果产生一定的影响。天窗大时，室内容易受到顶部结构的影响而产生剪影效果；天窗小时，室内的光线就会变得纤细而清晰，或长或短，或高或低，从而营造出戏剧般的空间意境；当采用立面的开窗形式，人们的视线被引向窗外的景象，大自然的景观尽收眼底，给人以如身处画卷的艺术意境。

然后就是咖啡厅的人工照明选择。咖啡厅的功能主要是娱乐消遣和休息放松，节奏相对缓慢，因此在光源照度和亮度的选择上不宜过高。只有这样才能通过光线营造的氛围来吸引客户的注意力，过高或过低都会对空间造成影响。例如照度与亮度过低，整个空间的光线就会相当暗淡，这就会给室内的顾客一种相对阴暗沉闷的生理或心理感觉，从而影响心情。光影的渲染使得咖啡厅空间更加富有魅力。其大厅作为整个空间的主题，多用整体光线进行照明，或利用自然光与窗户，或利用人工照明中的顶棚面状光源。此时的空间照度比较小，光影相对较虚。吧台区域、餐桌区域是整个咖啡厅最重要的区域，它的光环境设计尤为重要。如在吧台区域，可以将灯光设计得相对昏暗。柔和的灯光照射在褐色的咖啡制品上，整个空间环境营造出相对神秘的意境。

第二节 光影在风景园林环境设计中的艺术性表达

一、风景园林设计中光影所表达的艺术特性

（一）风景园林的空间构成上所表达的艺术特性

在建设风景园林的过程中，光影的动态效果使得园林的空间结构体

现出不同的艺术效果。最主要的是风景园林在光影作用下所产生的视觉效果有所不同。光与影之间相互映衬，能够形成鲜明的对比。同时又与园林空间结合，使得风景园林的艺术特性充分表达出来。风景园林的静态空间，在光和影的作用下，塑造出来的是柔性的空间，使得园林的艺术感染力增强，从而给人以舒适、休闲的感觉。

为了在空间中充分利用光和影，设计时要将空间、光和影所具备的共性进行表达。通过光与影之间的明暗对比，人们对园林中的风景形成视觉落差，从而使园林风景的艺术效果得以增强。在园林空间中对光和影的利用，可以使得园林的景观更富于感性的色彩；空间效果在光和影的作用下动态地变化着，使得人们对于空间具有更强的感知力。

（二）风景园林的实体构造上所表达的艺术特性

风景园林景观通过利用光和影的对比效果而被艺术化。这就要求，在具体的操作中，为了构造较好的光影环境，要更加注重对园林中的实体要素进行构建，使得实体在光影的作用下产生各种不同的视觉变化效果，包括实体的形态、色彩和空间等发生的变化，甚至实物的质感都会产生变化，从而形成不同效果的艺术美形式。

如何对园林景观中的实物进行设计，如何对光和影进行更好利用，这就是园林空间设计的主题。设计师在设计园林景观时，常常利用光的效果对实物的表现进行控制。例如在风景园林的空间设计中，利用光和影元素，通过不同的光传播形式和不同的载体，加之光源的变动，就可以产生不同的光效果。光与影的互动，和其相互之间的利用，使得实体在光和影的变动下形成动态的艺术形象。

（三）风景园林的主题多元化所表达的艺术特性

在风景园林的设计中，要想使景观效果充分表现出来，就要将园林的主题多元化体现出来，使得园林形成综合性空间环境。主题方式的多元化，就需要在园林景观设计中采用不同的形式，形成不同效果的感性空间。

比如，风景园林景观要给人以视觉感受，同时还可以形成听觉效果和嗅觉效果，这就需要在景观设计中提升人们对景观的感知力，使得景观的主题以多种形式展示。塑造空间氛围时，光和影是不可或缺的元素。不仅可以让整个的园林变得静谧，而且还会给人以温暖的感觉，令人感到惬意。光和影的充分利用，使得景观的主题多元化，就会使人从主观意识上充分发挥想象力，从而使园林景观内容被充实。其中，光发挥着引导作用，影塑造着欢乐的氛围。在这样的空间环境中，风景就会被赋予神秘的气息。在现代的园林艺术中，光影作为自然元素以其多变的特点使得景观得以多元化呈现，大大提升了景观的艺术美感。

二、风景园林设计中应用光影艺术性设计的方法

（一）均衡性光影艺术性设计

在风景园林设计中，采用均衡性的设计手法，在设计中对光和影的元素充分利用，可以使得宁静的园林环境被塑造出来。在对风景园林的光源进行设计的过程中，需要使用分散的光源。这种光源的排列具有一定的规律性，接受光照的物体也会给人以均匀感。在对风景园林的空间结构进行设计的过程中，对于光源所处位置要予以重视，以使得均衡光影的作用得以充分发挥。这种均衡性光影艺术性设计能够令人情绪稳定，比较适合较为正式的园林空间设计。

（二）集中性光影艺术性设计

光影设计中采用集中性的设计手法，就是要将光的投射效应充分地发挥出来。在对投射物体进行选择的过程中，要使得光源的面积和隐藏的部位之间形成对比效应，才能够给人留下深刻的印象。通常在具有较强的艺术氛围的空间中，就可以进行集中性光影艺术性设计，使得园林

环境中的秩序性和严肃性得以体现，而且可以提升园林的档次，使园林更为气派。

（三）柔和性光影艺术性设计

风景园林属于休闲的场所，要进行柔和性的光影设计，以塑造舒适的空间，充满浪漫的气息。在选择光源的过程中，为了体现出光的柔和性，可以利用弱光，采用漫反射的方式，塑造朦胧的氛围。采用这种光影艺术设计形式，可以使得风景园林中的物体和光源的分布更为均匀，塑造惬意而轻松的环境氛围，给人以舒适之感。

（四）对比性光影艺术性设计

在风景园林设计中采用对比性光影艺术性设计方式，可以使得园林空间更富于戏剧性。在选择光源的过程中，不同的空间之间都必须分割点明显。在物体的设计上也存在对比性，使得整个空间富于戏剧化色彩。采用这种设计手法，可以使得风景园林具有舞台效果。

三、风景园林设计中光影的艺术效果表达

（一）光影中产生的自然美艺术效果

自然美不是人为塑造的，而是事物自然存在的现象。自然美中并不含有人的主观意识，无须人的主观塑造；而是自然现象，不以人的意志为转移，也不会因人的活动而发生改变。在风景园林设计中将光影充分利用起来，就可以在风景中形成自然光影现象，使得园林更富于艺术欣赏价值。在光的渲染下，风景园林的美感不断变化，而且这种变化是自然天成的，使得园林的风景呈现出不同的状态。在进行风景园林设计的过程中，要将光影的这种自然美充分利用起来，用光影渲染实物，使得园林成为具有自然效果的环境。

（二）光影中产生的功能美艺术效果

风景园林中进行光影设计，所形成的景观不仅体现出自然美感，而且独特的空间被塑造出来，使得空间的功能得以充分发挥。景观是实物的形态和各种色彩所构成的，产生的是功能美，能够促使风景园林景观多元化，包括空间结构造型以及质感都能得以展示。在风景园林设计中，还可以使园林空间个性化。通过对实物的空间排列，通过光影效果产生强烈的对比效果，使得变化的空间氛围被塑造出来。光影的不同序列，会形成不同的环境氛围，主要在于光影发挥着装饰作用。用园林中的墙和地面装饰阴影部分，就会产生神秘的效果。利用水面的倒影形成虚假的现象，形成了虚实相间的空间，使得园林空间给人以深邃之感。

（三）光影中产生的意境美艺术效果

意境美是非物质的美感，其中融合着人对美的主观印象。在风景园林中塑造意境之美，就是通过艺术表达的方式使风景园林的空间能够引发人的无数遐想，让园林更具有主观情趣。风景园林设计中通过运用意境美表达，使得园林景观的艺术价值得以提升。在这样的环境中，人的情感被激发出来，在光和影的互动下，人们会在主观意识中塑造想象的空间，美的传达就在这个空间中进行，形成了审美过程。风景园林设计中注入意境之美，更多的是通过光和影不断变化的特性来实现的。

四、光影在园林景观中的应用手法

（一）运用光影创造空间的视觉焦点

光对人来说具有引导的作用，它使人们可以注意到事物的细节，给予视觉焦点。通过光带来视觉虚实，能够让空间呈现艺术美感，没有焦点的平面空间就没有虚实当然也就没有艺术感，就会显得平淡而乏味。通过强化光的明暗对比度可以将想要表达的具象凸显出来，视觉焦点能够让缺乏层次的景观空间产生有明显的虚实之分的景观意象。在引导人们视线的同时，也将景观的层次体现出来。视觉所具有的感光特征使得人的视线通常会被明亮、鲜艳的事物所吸引。

如果想让某个空间中的一个物体能够凸显出来，成为空间中的视觉焦点，那么只需要将这个空间中的某个物体的亮度调整到高于该空间的其他事物。所以明暗关系就是体现三维空间的理想手段。

以此推断，运用光影的明暗关系来制造视觉焦点、突显事物的主次关系是最有效的表现方式。同时，利用强烈的光影对比落差还可以吸引观者的注意力。在空间中制造这种落差一定要明显，才可以形成视觉焦点。在景观设计中，空间的构成要素复杂多变，想要构成空间的明暗对比可以通过两种方式：一是加强景观自身的亮度，使其自身的亮度高于空间中的其他要素，这样就能够引导人们的视觉焦点了；二是通过降低主要景观以外的景观亮度，特意创造阴影覆盖的空间来反向衬托视觉焦点的明亮。

加强主要景物的亮度，可以通过控制光源对主要景观进行照射，或者让景观本身作为光源，加强景物的亮度，达到主要景物本身亮度高于空间内其他景物的亮度的效果，那么观者就会产生视觉聚焦。这些方法非常适用于夜间景观中景物的展现。在景观园林中，主要的空间基本存在于自然光线下，特别是白天。想控制景观的亮度是非常困难的，这就需要通过提高景观的色彩饱和度等来完成聚焦；或者通过使用反光、透光材料减少焦点的阴影来实现。

（二）利用虚实来丰富光视空间层次

光视空间层次，是指视觉感受到的层次变化。在空间中可以利用光影将空间景物的明暗、色彩进行调节，加深景深，以加强空间的层次感。

丰富多样可以体现出事物间的个性和变化，变化能够产生视觉刺激与视觉吸引，避免了空间的单调乏味。从灯具、照明方式、照明布局、照明色彩等多个方面都可以体现夜景的变化。同时利用光的照度和强度变化，再加上技术条件的辅助能够使得空间变化更加丰富，能够将这些元素合理规划并营造不同空间感。正是因为夜景这种不同的空间感才让其比白天的景观更加神秘、吸引人。

不过设计者必须控制好变化的程度，进行合理设计。因为不合理的变化会使景观空间杂乱无章，缺乏重点，所以变化也需要在统一的前提下进行。所谓统一，指的是照明装置的风格、造型、色彩等的统一。照明装置与其所处环境之间，自整体到局部，均要达到整体协调的效果，且风格要相对统一。统一是在任何设计中都必须遵循的原则，统一使设计具有和谐的美感。

1.亮度与色彩的层次

通过光与影的明暗、色彩对比，能够增加景观的空间感和层次感。一般来说，通过空间分隔、渗透可以让空间层次丰富起来。但是光影的明暗、色彩对比是能够对空间的视觉形象产生影响的，所以通过设计加强空间光影对比可以提高空间的层次感。就像绘画中夸张地表现光影一样，会使得画面立体感更强。

2."虚形"叠加

在园林建筑或园林小品中，经常可以简单用这种方式展现其整体形态。轮廓光影主要应用在造型美观或是有特点的建筑上，会让其形象特色在夜间也得到同样的发挥。若将黑暗中无法看清的景观看作虚，那么灯光照耀下清晰可见的景观就可以看作是实。同明暗对比要考虑比例问题一样，虚实空间也需要考虑合理的比例，空间中的虚实会使夜景观更加有趣。

其实轮廓光影大多是用来进行辅助的，在主体部分采用泛光照明等其他方式，配合非主体部分采用轮廓照明，能够使得夜景观整体达到理想效果。

3."虚空间"的塑造

"虚空间"是指利用投影、反射或是其他光学设施等形成的虚像，形成的没有实体却有空间感的空间。例如水的倒影，可以使景物形成一正一反、一虚一实的相似空间，大大丰富了原有空间的纵向层次与深度。

现代光学设施，例如 3D 投影设备，也被广泛地应用在一些公共空间中。它可以塑造出不同时空的场景与奇幻的景物，带来逼真和富有视觉层次的空间。

（三）利用光影组织空间

1.利用光的强弱组织空间尺度

利用光影对人的视觉影响，设计者可以在规划风景园林时利用光影组织景观空间。在生活中，人们对空间范围界定的感知往往会受到光影性质变化的影响，同时对实体元素的视觉形象感受也会随之改变。在固定的空间里，不同的光影组合会形成某种共性和视觉差异，这些都会给人一种空间领域感。相较实体而言，空间的实际大小是不变化的，但对于光影而言，空间的领域是灵活多变的。使用合理的光影配比来分隔空间不仅能够通过给予观者相应的视觉感受，还能通过给予人心理上的暗示，来达到调整组织空间的目的。

（1）光影在视觉上组织空间。进行人造光影的设计时，照明工具的尺寸要与空间布局以及空间内其他景物相配合。照明的数量也要进行合理的规划，数量太多、亮度过大都会造成资源浪费，而且也达不到视觉明暗、虚实的对比效果。每种照明的照明强度等也有差异，所以要具体问题具体分析，在合理的配比下进行设计才能够展现恰如其分的效果。

（2）光影在心理上组织空间。园林景观空间中光线的强弱对比、虚实关系所带给人的心理暗示，可以改变人们的空间领域感。通过改变光照条件，人们会对景观空间的大小范围、比例等特征产生截然不同的感受。比如充足的光线能够将景观空间的尺度扩大，相反，当光线暗淡时会让空间呈现出相比其实际大小来说显得狭小的空间感。不过，当光线亮度暗到人们无法看到完整的空间时，人们便会对空间产生丰富的想象，而此时人们通常会获得远大于空间实际尺寸的心理感受。

在现实设计中，可以利用光影的强弱、梯度、方向、颜色来改变人的视觉心理感受，特别是当影响强烈时，人对空间范围的错误判断会营造出有趣的效果。

2.利用光影渲染统一空间

在进行景观设计时，除了可以利用光影来对空间进行分隔，还可以利用光影对空间内的元素进行整合统一。这种统一融合的效果是通过光影渲染完成的。在空间景观繁杂时，通过光影的运用能够在不改变空间中要素的前提下，使其有效地串联在一起，起到整合空间的作用，达到视觉整体和谐的效果。

（四）光影使空间具有动态美

作为景观空间要素中最富有活力的动态元素之一，光影不仅能够带给景物自然的亲和力，还能够展现其动态的生命力。在园林景观设计中，景观要素种类繁多，其中大部分的动态元素都是被动甚至完全不可控的。例如天空、风云等。它们虽然是动态变化的，但由于其自身的不可控因素实在太多且无规律可循，产生的景观效果亦是无法持续呈现。像光影这样的具有一定可控性的动态元素就显得尤为可贵了。若能够将光影的动态美与其他要素的静态美相结合，那么其产生的动静结合的视觉效果，会赋予景观空间充满活力的美感。

自然光影是在变化的一个动态要素，其本身具有时间性。随着时间的推进，光的方向、强弱、色彩都是在不断变化的。相比光的颜色和方向变化，光带来的阴影变化较为明显。像中国古代的日晷就是以光影的变化来进行计时的。阴影除了记录时间，还将景观设计延伸到第四个维度中去，呈现出景观设计的衍生性。

相较于自然光影的多变，人造光影的可控性高，且具有比自然光更加丰富的动感，在现代科技的控制下，人造光影投影技术能够呈现出各式各样的节奏和形象，使得景观设计在夜间得到更大的发挥。景观空间中动静的对比使其更具有活力，但如果过度地使用人造光源就会"过犹不及"，给人带来视觉疲劳感，甚至造成视觉"污染"。只有对人造光影的利用合理有序，才能创造出和谐动感的光影氛围。

（五）光影对空间色彩的影响

色彩在艺术中有着非常重要的地位。如果说素描描绘的是物体的体面三维关系，那么色彩传达的就是物体的情感关系。不同颜色的搭配能产生喜庆、肃穆、华丽等不同的景观氛围，与恰当的空间结构相互配合能够使得设计更加丰满。

当光线照向有颜色的物体时，一部分光线被吸收，一部分光线被反射。其中反射的光线呈现的颜色就是人们看到的物体本身的颜色，因此光可以说是唯一色源，色彩从本质上说就是一种光影的表现。光影能够影响空间色彩，在园林景观中光影与其他实体要素相互影响形成丰富的色彩，这种相互关系能够从三个方面体现。

1.光影对景物色相的影响

位于空间内的所有物体的固有色其实都会被光源色影响，根据光的显色性规律，光源色的不同使得物体呈现的颜色也不相同，这即是通过光影改变物体色相。白天的自然光线被认为是显色性最好的光源，所以白天的景物颜色丰富多彩；进入黄昏后，自然光就产生明显的光色变化。这种有色的光线把所有景物的色相都渲染上偏向橘色光晕。相较于自然光，人造光受到光谱的限制，往往都呈现出某种色彩倾向，所以使用人造光源的景物受到的色相影响更加明确。这有利于设计者利用人造光源塑造想要的景观色彩。

随着科学的不断进步，彩色灯的出现使人造光影艺术的表现更加多样，同时也丰富了夜间的景观效果。由于色彩的情感传达性很强，所以人的情感比较容易受到色彩的影响，使人产生情感共鸣与联想。

不过，影响人造光影效果的不仅仅是照明的颜色，还有照明的照度。为了显示所示对象的正常颜色，应当根据不同照度选用不同颜色的光源，低照度时采用暖色，高照度时采用冷色。另外，只有在适当的高照度下，颜色才能真实反映出来，低照度不可能显出颜色的本性。

2.光影对景物色彩层次的影响

光源照向物体表面时，色彩会在光照和阴影的影响下产生明暗变化，这种变化使得景物呈现出渐变的色彩层次。

心理学是色彩情感产生的基础，通过将光照强度等光学属性与照明形态、照明色彩等相结合，为观者带来相应的心理感受。在实际生活中，适当的彩灯搭配，能够烘托出喜庆的节日氛围；不过色彩纯度过高的彩灯，在某些环境里会给人带来阴森恐怖的感觉。

在现实中色彩的呈现是通过光源和环境一起形成的，特别是景观空间中，光源的形式多种多样、千变万化。环境中还会出现不同性质的反射面和景物形态，光线在这些面之间不断反射、折射等，都会对景观空间中的光产生影响，增加空间中的色彩变化。

第三节　光环境设计与餐饮空间环境意境的营造

一、光在餐饮空间中的作用

（一）凸显风格和主题

目前，许多城市逐渐兴起主题餐厅、主题公园和各具特色的主题酒吧等公共娱乐场所。使用什么样的灯光就会有什么样的环境展现。强烈的灯光可以吸引人的注意力，把人的视觉、听觉、感觉吸引到商家需要突出的特色上来。在关键区域和细节环境的设计上，需要用灯光的变化去传达设计师想要突出的主题，给顾客留下的最深刻的印象。

（二）菜品的表现需要适宜的灯光设计

菜品呈现给人以色香味俱全的体验，所以菜品呈现时要将光的色彩作为重中之重。而色泽的体现则要通过分析光谱对物体的影响入手。色泽的视觉过程首先由光源对物体进行照射，然后通过物体固定波长的光吸收后产生反射光谱，透过光谱，最终通过眼睛感知事物。光照射到事物上会发生弹性散射和非弹性散射。弹性散射的散射光是激发与光波长相同的成分，而非弹性散射的散射光有比激发光波长长的和短的成分，统称为拉曼效应。食品不仅对可见光，而且对波长范围更广的电磁波也有复杂的反应。光照射到食品上时，一部分被表面反射，其余部分经过折射进入其组织内部。从某种意义上说，色泽虽是外观，但以色入味，菜品的色泽在一定程度上也能反映出菜品的味道。比如番茄，青椒等蔬菜，灯光能够让它们的颜色更加艳丽，鲜艳欲滴。

（三）增强装饰材料的质感表现力

如果没有精细的灯光设计，再昂贵的桌椅也不能体现其价值。同样如果没有高品质的餐饮硬件设施，再精细的灯光构思也不能展现其美感。因此，有的室内设计专家在研究室内装饰材料时，对于其光泽、质地都有着非常高的要求。只有装饰材料与光线配置达到融合统一，才能够使其发挥各自的优点和特色以弥补餐饮空间的不足，进而达到相得益彰的效果。

（四）光亮度的对比突出餐饮空间区域重点照明

光的亮度是指光在视线方向单位投影面积上的发光强度，能够反映人的视觉对物体明亮程度的直观感受。随着照明亮度的加强，物体的亮

度也随之增加，人们的辨认力与识别准确性也会更高。这对消费者欣赏
菜品的形与色是至关重要的部分。

在餐饮空间中，光的明暗可以构成空间边界，明与暗相互衬托；使
亮的部分得到强调，带来强烈的视觉对比。但是，亮度的对比变化不能
太大，若同一区间亮度变化太大，人的视觉从一处转向另一处时，会被
迫经历一个适应的过程，人的就餐情感就会发生变化。例如在高速公路
行车一样，如果反复进出隧道，尤其是在正午时刻，进出隧道时视线会
出现短暂的眼前一片漆黑或刺眼白光的现象，若反复多次则会造成视觉
疲劳。

合理的亮度变化能够提升人就餐时视觉的清晰度，现在大多数高档餐
饮空间的光环境系统都会去遵循这一规律。而且在同一个餐饮空间中，彼
此联系的功能空间，亮度的变化幅度也不会跨越太大，比如餐饮空间氛围
灯、地灯、藏光等。个别区域为了强化视觉效果，增强消费者用餐体验，
会采用重点照明的方式来突显菜品，使得食物在光照下更具视觉美感。通
过光亮度的跨度变化，让人们的视觉本能地锁住重点，并通过降低光的亮
度，烘托整个空间的氛围，使得空间主次明确，富有虚实变化。

藏光是餐饮空间的重点表现手法。藏光属于漫反射，光线柔和，所
以在住宅和餐饮空间运用较多。餐饮空间在天花、过道、洗手间等区域，
通过藏光结合低亮度的空间，除了为人们营造温馨的灰空间，还能提供
引导指示功能。

（五）光影效果赋予餐饮空间灵魂

光在均匀介质中是直线传播的。在光的作用下，受光面会清晰呈现
出物体亮面的细节；而背光面会留下阴影，这就是光影。

光影作为光作用下的附加产物，可以说只要有光的情况下，绝大部
分情况都会有影的存在，形影不离是对光影最好的诠释。如果空间没有
了光影，就会失去生命力，在空间中光与影是相互依存，相互影响的。

当光的强度、作用方向发生改变时，光影也随之变化。光影能赋予空间层次感，加强空间节奏感，就犹如人有了影子，自然有了生命和活力。因为影子的存在使光照物体更为突出，物体若没有光影的衬托，显得轻飘；而餐饮空间没有光影的衬托，会显得沉闷呆板、光线凌乱，没有明确性。在某些时候，正确布局光源的位置，合理利用光影，让人们感到韵律美和节奏感，并且在变化中达到统一是非常有必要的。随着对光影效果认识的加深，人们在设计灯具时，除了提供照明功能，还会运用光影效果进行投影；并且随着光的作用方向，光的强弱、光影也随之变化，使其成为一幅具有艺术性的"绘画"作品，为人们就餐增添美感。

然而，如果光源位置的摆放不合理，或者照射方向不正确，也可能带来负面的影响。如在就餐时台面出现阴影，则会使人造成视觉的错觉，无形中会增加视觉的负担，影响正常的就餐体验。因此，将光影美学运用在现代餐饮空间设计中是一次新的尝试与转变，同时也会对以后餐饮空间设计带来一些借鉴和启发。

二、光环境在室内空间中不同意境的表现

（一）光的浪漫意境表现

将光的浪漫意境表现总结为以下几点，如表 4-1 所示。

表 4-1　光的浪漫意境表现

影响要素	光的浪漫意境表现
技术要素分析	高照度、低亮度的幽暗光；基础照明减少，重点照明增加（即照度比较大）；色温的选择上，白色调色温值、3000K 以下的暖色调色温值和 5000K 以上的冷色调的色温值均可采用；光源的色调选择上，多选择暖色系光源，如紫色会给人以浪漫的感觉，冷色光在有些空间也是呈现出某种浪漫的色彩，如蓝色光制造海洋浪漫；变化着的光源也可以呈现出浪漫的感觉

续表

影响要素	光的浪漫意境表现
艺术要素分析	自然光的使用相对较少，多使用人工照明结合天花、墙面、地面进行界面的造型设计；点光源的使用居多，多结合空间的造型进行某种主题浪漫意境的传达；间接照明方式使光源隐藏于墙体、灯具等造型之中，制造朦胧的、见光不见灯的空间效果；多使用领域性心理划分出虚实、明暗空间，多采用联想与象征的手法设计出奇特的造型和灯光

（二）光的神秘意境表现

将光的神秘意境表现总结为以下几点，如表 4-2 所示。

表 4-2　光的神秘意境表现

影响要素	光的神秘意境表现
技术要素分析	低照度、低亮度的幽暗光；基础照明减少，重点照明增加（即照度比较大）；色温的选择上，避免数值趋于白色调的色温值，可采用 3000K 以下的暖色调色温值或者 5000K 以上的冷色调色温值；光源的色调选择上，多选择暖色系或冷色系光源，与色温选择相似，避免中性色彩
艺术要素分析	可使用自然光，结合设计理念等对建筑墙体进行开窗设计（如光之教堂），亦可利用人工照明，结合天花、墙面、地面进行造型设计；使用面状光源中底光或逆光的方式，制造明显的光影效果，或者多使用点状光源增加物体的投影效果；间接照明方式使光源隐藏于墙体、灯具等造型之中，制造朦胧的、见光不见灯的空间效果；在材质、造型方面，可采取类似珠帘、纸质（如日本的和纸）等半透明材料结合造型进行设计；多使用领域性心理划分出虚实、明暗空间，多采用联想与象征的手法设计出奇特的造型和灯光

（三）光的妩媚意境表现

将光的妩媚意境表现总结为以下几点，如表 4-3 所示。

表 4-3　光的妩媚意境表现

影响要素	光的妩媚意境表现
技术要素分析	色温的选择上，以暖色调和白色调色温值为主，避免较高的冷色调色温值；光源色彩方面，可选用偏中性的色彩对空间进行照亮，也可选用柔和的暖色系来增加空间的温柔氛围；空间可相对明亮，环境照明相对增加，重点照明相对减少（即照度比值相对较小），对比较弱
艺术要素分析	自然光的使用相对较少，多使用人工照明结合天花、墙面、地面进行界面的造型设计；色彩的选择上可选用较为亮丽、女性化的颜色，如红色、粉色、紫色、橘色甚至偏暖的冷色系；光的形式上，可选用点状光源进行局部装饰、亦可用线状光源，面状光源，尤其是结合空间曲线的造型，凸显出空间中女性的柔媚；空间的立体感可相对减弱，多使用间接照明，使得空间的过渡比较均匀，减少棱角分明的造型设计；可采用联想与象征的手法设计出能够代表女性妩媚的灯具造型，墙面造型、天花造型等

（四）光的宁谧意境表现

将光的宁谧意境表现总结为以下几点，如表 4-4 所示。

表 4-4　光的宁谧意境表现

影响要素	光的宁谧意境表现
技术要素分析	照度和亮度保持适中和均匀，照度比值相对较小；色温的选择上，以冷色调和白色调色温值为主，避免较低的暖色调色温值；光源色彩方面，可选用偏中性的色彩或相对安静的冷色调对空间进行照亮，来增加空间的宁静氛围；空间可相对明亮，环境照明相对增加，重点照明相对减少（即照度比值相对较小），对比较弱

续表

影响要素	光的宁谧意境表现
艺术要素分析	自然光可以运用其中，增加了阳光以及夜晚星光等对室内静谧环境的影响，也可使用人工照明结合天花、墙面、地面进行造型设计；色彩的选择上可选用冷色系，如蓝色表达出的宁静、清凉，绿色表达出希望与生机，且色相和明度要分布均匀；相对而言，低位光可以将空间重心降低，给空间带来稳重的感觉，底光的使用，也更能凸显出室内环境的休闲状态；光的形式上，可选用点状光源进行局部装饰、亦可用线状光源，面状光源进行整体空间的环境照亮；空间的局部立体感可相对减弱，多使用间接照明，使得空间的过渡比较均匀，给人以平和的心态；在空间造型上，当内部形状以平直的形式呈现出来占据优势时，稳定的空间感也就会产生

三、餐饮空间室内光环境意境的营造策略——以主题餐厅为例

可以说，主题餐厅的出现针对的是某些具有特殊需求的消费群体，主题餐厅在提供饮食的基础上，还为消费者提供具有特色的文化主题体验，给就餐者传递一种信息，这是主题餐厅有别于传统餐厅的服务项目。主题餐厅在装修装饰时会将整体的环境用在烘托餐厅文化主题上，提供的饮食也会与这一文化主题相互配合，让整个餐厅都萦绕着该文化主题的气息，让顾客在这种文化主题中获得全新的体验和享受。

主题餐厅主题文化的营造是通过室内各种因素的共同作用完成的，它包括了室内空间的色彩、照明等各个方面，这些因素相互作用，共同营造出餐厅的文化主题。但是，在室内空间中通常会有一个视觉中心，这个视觉中心处于主导地位，通过该视觉中心形成统一的主题风格和整体空间设计。

（一）空间结构与光影艺术相结合营造主题文化

光影主题餐厅的主题创意和餐厅结构必须互相呼应，相互融合，只

有这样，才会给消费者带来强烈的视觉冲击和美妙的视觉享受。光影艺术是光影主题餐厅始终要突显的特色，但是展现光影艺术文化的同时也要打造一个轻松自然的就餐氛围。例如矩形的餐厅结构，规整和理性的布局才能营造舒适的整体氛围；多边形的空间结构，则是通过趣味的布局带来丰富的光影感受。

（二）照明点与光影艺术相结合营造主题文化

光在室内空间设计中占有举足轻重的地位。通过照明来展现餐厅的主题是常用的方式，如何让实光和虚光实现绝妙的配合、如何安排区域光等都是需要考虑的问题。主题餐厅可以通过对自然光和人工光最大限度的利用，凸显餐厅的主题特色，使光环境起到画龙点睛的作用。比如，以海洋生物作为餐厅主题元素，照明上可以利用丰富多彩的照明手法展现出海底世界最纯真也最华美的梦幻效果；而以科幻作为餐厅主题元素，照明上可以利用冷光源展现科幻的未来感；以怀旧为主题的餐厅，想要展现熟悉感就需要虚实光的结合。甚至灯饰的造型也能够帮助餐厅营造出主题文化。

（三）形态符号与光影艺术相结合营造主题文化

利用具有特色的形态符号来展现空间的主题也是经常被使用的方法之一。形态符号的范围是十分广泛的，它可以是企业文化的展现，也可以是社会文化的凸显，还能够渗透出地域文化的内涵，甚至形态符号也能够成为个人情感的一种载体。在餐厅的空间设计中，也可以使用形态符号。如位于德国科隆的巴赫音乐餐厅，将本国的国旗作为所强调的装饰元素，凸显伟大的音乐家对国家乃至全世界在音乐方面所作出的贡献；利用装饰性和情境性较强的形态符号，让消费者和餐厅的整体空间之间的情感距离拉得更近，充分烘托光影的主题。

（四）陈设摆件与光影艺术相结合营造主题文化

陈设摆件能够对餐厅的主题文化进行直接的反映。陈设摆件的内容十分广阔，例如家具、装饰、艺术摆件以及植物盆栽等。主题餐厅的陈设摆件中不能够忽视的一点是餐具。当然，其他方面的陈设摆件也要与主题进行呼应，这不仅能够让空间的主题文化氛围更为浓厚，还能使整体空间中的每一层次更为丰富和立体。

（五）利用光的物理属性营造主题文化

合理利用光影能够在餐厅的空间中创造趣味性以及营造出魔幻的空间效果。通过对光影的移动和明暗的处理，让光影空间中的人物和装饰进行相互的影响。设计师们都曾尝试扭曲照射、分散光源照射等效果，让空间环境更加轻松自然，富有情趣。利用光的折射原理，将灯光照射在几何形状的玻璃上，光就会折射出多种色彩，三棱镜可以折射出七色光正是利用了这一原理。艺术家们将玻璃进行各种方式的排列，再利用光源，玻璃的颜色和角度让玻璃构建出复杂的光影图案。除此之外，利用光的投射也能够巧妙地创造出不同的形状，例如在金属中镂刻出各种各样的图案图形，这些形状可以是人物、植物等，通过光源对金属的照射从而让各种形状的影子投射在地面、墙面上；反向利用的话，也能够让人、植物等的形状形成变形。通过这种方式，能够设计出趣味十足的光影艺术。另外，还可以通过多种材料的使用来制作灯具，比如核桃、葫芦等材料，加上手工雕刻，让光线通过这些具有特色的材料表皮投射出来，产生美妙的光影艺术；还可以利用特殊材料，例如真空镀膜、亚克力板等，在设计时对光线的折射路线进行计算，进而产生张力十足的光影艺术。

第五章　环境艺术设计与色彩之美

第一节　色彩在养老建筑室内公共空间设计中的应用

一、养老建筑室内公共空间设计概述

（一）养老建筑设计

养老建筑是指专为老年人设计，符合老年人生理及心理要求的建筑空间。养老建筑的主要类型包括养老中心，养老小区和养老住宅及养老公寓等。其实养老建筑的特点不是强调建筑本身的属性，更多强调的是建筑本身的服务属性。养老建筑主要是服务于一定年龄阶段的老年人，针对养老建筑的服务特性，就需要对老年建筑的特性及老年人的生活习惯和需求有基本的研究。由于人口老龄化的社会问题突现，近年来养老地产及养老建筑逐步引起更多人的关注，现代人的思想观念也在随着社会的进步和发展发生改变，更多的人已经在慢慢开始接受新兴的养老模式，养老建筑作为服务于老年人的建筑模式也越来越多地引起人们的关注。

（二）养老建筑室内公共空间

养老建筑室内公共空间是从属于养老建筑的，供居住在养老建筑中的老年人长期活动停留的公共活动场所，所以它会对生活在养老建筑内的老年人的生活环境起着很重要的作用。养老建筑室内公共空间包含养老建筑室内公共交流空间、养老建筑室内医护空间、养老建筑内公共活动空间、养老建筑室内餐饮空间以及其他相关的辅助公共功能空间。

二、室内空间环境的色彩设计

室内空间环境的色彩设计是指建筑的室内空间环境的色彩环境设计。如果说色彩是有生命的，那么色彩的空间环境设计也可以使室内空间环境具有生命力和感染力。任何室内空间环境也可以如同音乐及美术一样，通过不同的色彩色阶组合产生不同的色彩情感空间。作为合理的室内空间环境色彩设计应该具备满足空间环境色彩空间属性，满足空间使用功能的色彩物理属性以及满足人使用心理功能的色彩情感属性。好的室内空间环境的色彩设计是能够满足以上三种色彩属性。不同色彩空间环境组合会让人产生不同的色彩心理感受，室内空间色彩环境设计源于自然又高于自然。米黄色调的色彩空间环境象征着早春的阳光和大自然，浅绿色的植物代表春天色彩。室内空间环境如美术作品一样，可以通过有效的色彩组合制造不同的心理感受和心理体验。

三、养老建筑室内公共空间的色彩设计

养老建筑的室内公共空间环境色彩设计是指养老建筑的室内公共空间的色彩环境设计，也是养老建筑室内空间环境的色彩表情设计。养老建筑的室内公共空间包括养老建筑的室内入口及公共休息大厅、养老建筑的走廊及其延伸公共休息空间、养老建筑的医疗护理空间、养老建筑内娱乐空间以及养老建筑的室内餐饮空间等。作为养老建筑的室内空间环境色彩设计同样需要满足空间环境色彩空间属性，满足空间环境中的使用功能色彩物理属性以及满足人使用心理功能的色彩情感属性。好的养老建筑的室内空间环境的色彩设计同样是能够满足以上三种色彩空间环境属性。

作为特殊建筑形式的养老建筑的室内公共空间与色彩设计之间有着密切不可分割的关系。不同的养老建筑室内空间环境设计，可以通过

不同的色彩空间环境组合营造不同的养老建筑室内空间环境色彩表情。六十岁以上的老年人由于生理机能和感觉机能的退化，对色彩的感受与需求比普通人更强。老年人无论是生理需求还是心理需求，都需要好的建筑及室内色彩空间环境。好的养老建筑室内公共空间色彩环境设计可以加强老年人的沟通意愿，调节和改善老年人的心理状态，促进老年人的生理健康和心理健康。关于色彩具有治愈功能国外很多专家在医学领域和医护领域广泛采纳和认知，在室内空间内合理地利用色彩是可以调节情绪，改善人的生理感觉和心理感受。好的养老建筑及室内公共空间色彩环境设计对提高养老建筑的室内空间环境的设计品质起着非常重要的作用。

四、养老建筑室内公共空间色彩设计的注意事项

（一）养老建筑的室内公共区域色彩的色调设计选择要适宜

在养老机构的室内公共区域色彩的整体色调非常重要。在某种意义上来讲，传统观念上的灰白色调已经不再适合老年人，会使他们感到压抑。在养老建筑室公共区域色彩色调要选择明亮的高长色调或者是色环区间明亮颜色的弱对比，来加强空间环境的舒适度。在日本的某些养老机构，不同层楼采用不同的色调，帮助老年人识别自己所在的楼层。由此可见，在养老建筑的室内公共空间色彩设计上，都要根据老年人不同的需求来设计。

（二）养老建筑的公共区域色彩设计细节设置要讲究

在很多养老院，公共区域会选择无障碍通道设计。考虑到下雨天或者行动不便的老年人在场所转换时所带来的不便，有些养老院已经将各部分空间用连廊连接，天气恶劣的状况下不用担心出现老年人无法从住所到达食堂等状况。这些连廊的色彩设计也是养老建筑的室内公共空间

的重要组成部分，空间内的色彩环境设计也是不容忽视的细节。北京的金手杖国际养老公寓考虑到老年人活动不便，在建筑与建筑之间，建筑与医院之间设计了几百米的绿色连廊。这些连廊使小区内居住的老年人不出室外，就可以从一个建筑抵达另外一个建筑的室内公共空间。针对这些老年人居住地建筑公共空间的色彩设计，可以选择舒适明亮的空间颜色，让老年人在场所转换的公共空间可以有温馨舒适的视觉感受。这种视觉感受从某种意义上甚至可以超越区域空间内的材质本身给老年人所带来的感受。

（三）老年活动的室内公共空间场所色彩设计要多样而统一

通常而言，由于老年人的生活环境、文化背景和教育程度不同，不同的老年人对空间环境的需求也会不同。通常而言养老建筑的室内公共活动空间中图书馆、棋牌室、书法室的设置能满足大多数老年人的基本活动空间和需求。在这些空间色彩环境设计上能够相对集中而开敞，形成热闹的氛围，满足部分老年人渴望交流的意愿。还有一些老人喜欢运动，希望养老机构设置运动馆方便锻炼身体。所有这些都间接反映出老年人内心希望交流和具有强烈摆脱孤单的意愿。在养老建筑的室内公共空间色彩设计上，需要选择适合的色彩，让老年人在这种公共空间内乐于交往和沟通，满足老年人的色彩感知度和心理安全感需求。同时，适合的建筑及室内公共空间的色彩设计，能够增进老年人的交往意愿，使更多的老年人愿意参与到集体活动中，愿意与更多的老年人交往。

五、养老建筑的主要室内公共空间色彩设计

养老建筑的室内公共空间分为医护空间、老年人活动空间、餐饮空间和公共交流空间四类。

（一）养老建筑室内医护空间的色彩设计

养老建筑的室内医护空间最基本要求是满足老年人在空间环境内的使用效率与安全性。由于老年人大多记忆力弱、空间辨识力差，这就要求医护空间内部各空间功能关系处理要直接、明确、清晰，交通流线畅通便捷，毫无疑问有效的医护空间的色彩设计是提高空间高效性和安全性的途径之一。医护空间内整体色彩明亮舒适是色彩设计的基本原则，这种老年人的医护空间需要杜绝导致老年人精神紧张的红色以及会让人产生压抑的深重色彩；同时医护空间的色彩设计，需要充分考虑老年人的心理感受，要区别于对待健康人护理的空间，尽量避免使用纯白色及黑灰色的色彩，这些色彩会使老年人精神紧张甚至联想到死亡。医护功能空间的标识设计以及灯光设计和材料设计同样非常重要。通常，医护空间的标识系统需要简洁明了以达到反应相对迟钝的老年人快速到达所要去的诊疗室的目的。日本一家医院用不同的彩色箭头绘制在医院地面的走廊上，医院的老年人和患者家属可以通过地面的彩色箭头第一时间找到自己所要去的功能空间。医护空间的灯光设计需要温暖舒适，光源投射的角度和冷暖环境需要满足医护空间光环境设计的基本需求。材料作为医院构建的特殊功能空间元素，有着特别重要的作用。无论是养老建筑医护空间的地面材料还是墙面及天花材料都不能过于坚硬。选择舒适柔软和可触的装饰材料作为医护空间的主要装饰材料也是满足合理有效的养老建筑室内空间色彩环境设计的必要因素之一。

（二）养老建筑室内的老年人活动空间色彩设计

养老建筑室内的老年人活动空间包含健身中心、棋牌室、书法室、游戏俱乐部、舞会、社交等会所。这些空间是老年人参与社交活动，与周围人交流的空间。空间内的色彩设计需要有一定的舒适度，色彩选择的范围明度上应该是在中长调、弱对比，不宜选择过于强烈的色彩对比；总体空间色彩环境需要以色环上明亮的色彩区间作为主调，同时空间内可以有少量的跳跃色彩作为点缀；绿色植物和充足的光线也是这种空间内必不可少的色彩元素。

（三）养老建筑室内的餐饮空间色彩设计

养老建筑内的餐饮空间色彩设计需要温馨和舒适度很高的就餐氛围。养老建筑内的餐饮空间需要足够的光线，空间内最好有足够的自然光线和人工采光；除了满足多人同时用餐，餐饮空间的平面设计亦应适当灵活且不失轻松，采用曲线给人以活泼、富有节奏感、自由的感觉；在色彩设计上一定选用色环区间内偏暖亮的色彩区间进行调配，不能选择对比过于强烈和色调深沉的颜色。

（四）养老建筑的室内公共交流空间色彩设计

养老建筑的室内公共交流空间是一种串联各个功能空间的过渡空间。这种空间形式多样，通常是可以结合门厅、走廊、屋顶平台等，有的共享功能空间也可以结合餐饮空间设计，多种形式的过渡空间也为空间内老年人各种形式交流创造可能性。这种共享及交流空间及色彩的交互性设计是让老年人在空间环境内产生认可和交流的前提。只有在交互的过程中，人们的自尊心才会被满足，才会得到别人的认可，自己才会产生价值感。

无论何种形式的共享交流空间，人类渴望交互的心理并不能在建筑中得到完全满足。但是好的色彩空间环境设计完全可以满足和改善人与人之间的交流意愿。尤其针对特殊群体的老年人，那些空巢老人以及失去另一半的老年人对这种空间环境及有意愿主观交流的心理诉求要远远强于普通人。

六、养老建筑的室内公共空间色彩设计的特殊性

（一）针对老年人触觉衰退进行的安全性色彩设计

老年人触觉的衰退也会导致老年人对物体表面灵敏反应度降低，不能真实辨别物体特征。所以在设计养老建筑的室内空间环境时，对老年人可直接碰触的装饰材料选择运用上，宜根据老年人触觉衰退特点，对他们可直接接触的装饰材料进行表面处理，材料本身的选用及色彩设计也应做特殊设计。材料的选择上需要选择木材、皮革、织物等柔软舒适的材质，色彩的设计尽量选择温馨和舒适的色彩，避免坚硬的材料及具有强烈感官刺激性的色彩对比。在设计这些细节的过程中，巧妙地运用颜色设计可以让老年人在注意色彩空间界面的同时有足够的心理安全感和心理舒适度，科学有效的色彩环境设计可以降低生理机能退化的老年人对空间环境的恐惧感。

（二）针对老年人听觉衰退进行的安全性色彩设计

老年人听觉退化会使老年人在某些特殊的空间环境内听不清或者听不到危险信号的报警，这会对老年人造成一定的危险。针对老年人的这种听力特征，在进行养老建筑的室内空间环境设计时，可利用其他感官来弥补听觉障碍，例如：增加空间内的色彩对比纯度及明度，重点交通空间转换处有明显的灯光提示，或者在地面墙面及天花上设计有色彩明显的导向标识，也可以采用有视觉色彩惊醒的装置设置等。确保老人能够简单快速了解周围环境的状况，减少有生理障碍的老年人空间环境恐惧感，以保障其安全性。比如说日本的一些养老医院是通过地面装饰材料的色彩变化作为老年人行为导向的指引，这对行动不是特别方便的老年人尽快抵达自己要去的功能空间起到很好的导向作用。

（三）针对老年人视觉衰退进行的安全性色彩设计

由于老年人视觉上的衰退导致识别能力下降，对空间环境内障碍物的判断能力也不如普通人，因此养老建筑的室内公共空间设计要尽可能做到视觉上的无障碍设计。同时，科学有效的色彩设计可以引导老年人进入安全舒适的空间环境。舒适的室内空间色彩环境设计也可以提高老年人的视觉障碍恐惧感。例如，科学合理地布置养老建筑室内公共空间环境的光源、科学有效的空间环境色彩设计；重点功能空间设置灵敏有效的感应灯具或者采用大按键开关；加大空间内的色彩环境氛围，加大字体和提高字体颜色的醒目度，加强标识指示牌的背景与文字的色彩对比度，通过有效的色彩设计帮助老人识别与判断公共环境空间。

（四）针对老年人身体机能衰退进行的安全性色彩设计

事实上，强调养老建筑本身的功能设计和色彩设计同样重要。好的、适合的室内公共空间环境的色彩设计可让老年建筑的室内空间温暖舒适。老年人由于各种生理机能退化，对色彩感知的灵敏度差，所以养老建筑及室内空间色彩设计要考虑老年人对于色彩的感知和关注度要比普通人高，好的建筑及室内空间环境的色彩设计可以给老年人带来身心愉悦的体验和感受，能够在满足使用功能的同时，针对特殊群体的老年人起到好的生理及心理调节作用。由于老年人身体机能的衰退，对环境的安全需求感增强，因此，安全性就成了养老建筑室内空间设计的基本保障。老年人心理老化与生理老化两方面的影响导致老年人居住安全感下降。因此在公共空间的色彩设计需要选取有一定安全度和认知度的色系或者相对高明度弱对比的室内空间颜色，让老年人在一个舒适的色彩环境空间里，可以增加其心理安全感与舒适度。

七、色与形并存的养老建筑室内公共空间色彩设计

建筑与室内是密不可分的统一体。建筑的室内空间是建筑室外空间向室内的延续，是建筑满足人使用和居住的基本空间体现。传统的室内装修设计通常是把建筑与室内分开谈，通常非专业的业主也会经常把建筑和室内割裂成两部分来考虑。其实，室内空间是建筑本体内部空间的延续，建造房屋就是为了满足人的使用和居住需求，人能够与建筑亲密接触的室内环境空间正是建筑本身的这个功能体现。人们需要有一个建筑与室内不分家的整体感和整体意识，在这种情况下来分析室内空间及室内公共空间就容易得多了。

色彩与形状并存是物体存在的基本形式。建筑的室内空间存在的基本形式与光环境和色彩环境密不可分。从建筑及室内公共空间表象上看两种因素尤其重要，好的建筑的室内空间设计是色彩与形式很好的结合。

设计师在考虑室内公共空间设计的时候，同时还要考虑其色彩和形态并存性；完全可以在满足建筑的特色与形态合理有机并存的情况下，同时满足建筑的室内公共空间的使用功能需求。作为以服务特性为主的养老建筑的室内公共空间的色彩人性化设计是非常必要的。基于老年人在生理方面的各种功能衰退，老年人活动的室内空间内需要有更多的辅助设施来增强他们的积极参与能力。针对由于年老而产生的寂寞和孤独感等心理特征，利用室内空间环境色彩及照明设施，以及有效的室内环境的配色来缓解老年人的心理压力是可行的。基于以上种种因素，提高养老建筑的室内空间色彩人性化设计，满足服务功能为主的养老建筑空间需求，合理运用色彩生理学及色彩心理学设计就显得极其重要。所以，设计师在进行设计时完全可以通过好的色彩视觉设计来满足老年群体的特殊心理诉求。

在建筑本身的色彩设计合理，能够有效反映和体现建筑基本使用功能的前提下，建筑的室内公共空间的色彩设计就显得尤为重要。建筑的

室内公共空间色彩除了与建筑有机的联系，同时还需要满足室内公共空间的功能需求。举个简单的例子，某社区养老中心或者养老公寓的大堂设计，如果建筑本体是传统的中式风格，建筑的主体颜色是传统的木色和红色，建筑的室内公共空间大堂里是需要与建筑外观有材料或者色彩上的延伸的。这种室内外空间的呼应关系可以是空间整体风格的呼应，也可以是主体颜色的匹配，不能把室内与室外的建筑本体完全分开设计。国内很多改造的建筑和改造后的建筑与室内空间完全脱节的设计问题尤为突出。也许建筑的某个人口的色彩是独特的和引人注目的，室内空间的设计也是新奇特的，但是两个空间放在一个建筑上总会觉得很别扭，不能满足建筑本身整体和谐与统一的美。

八、养老建筑室内公共空间色彩人性化设计特性

养老建筑的室内公共空间色彩设计应该满足老年人特殊公共空间的色彩环境心理需求，遵循以下几点：

第一，老年人专属的室内公共空间设计需要空间宽敞，色彩环境明亮舒适；

第二，老年人专属的室内公共空间色彩设计能够加强场所色彩体验感受，侧重于老年的心理感受和心理体验；

第三，老年人专属的室内公共空间色彩设计可以通过空间颜色界定不同的功能空间，便于老年人通过空间的颜色进行空间记忆和行为指导；

第四，老年人专属的室内公共空间色彩设计空间功能标示醒目明确，给老年人在行为过程中有明确的方向指引；

第五，老年人专属的室内公共空间色彩设计，需侧重色彩的调和功能和心理体验功能；通过巧妙运用色彩规律，改变人的行为习惯和心理体验。

第二节 色彩在幼儿园环境设计中的应用

一、色彩对幼儿心理的影响

色彩是组成人类赖以生存的缤纷世界最重要的元素之一，是视觉最大的影响因素，其对孩子心理健康和审美发展的影响十分重大。色彩通过视觉影响儿童的智商、情商、性格和审美。赏心悦目的色彩给幼儿提供美的享受，不和谐的色彩如同噪声，使幼儿无法健康快乐成长。长期在色彩暗淡的环境中生活，会使儿童感到沉闷、忧郁，产生压抑、恐惧的感觉，长此以往甚至会影响幼儿脑神经细胞的发育，导致幼儿反应迟钝、呆滞、智力低下；在色彩明亮和谐的环境中生活的孩子，其观察力、记忆力、创造力等方面均超过前者。色彩对儿童心理的影响无处不在，在一定程度上还能左右儿童的情绪和行为。一般来讲，红、橙、黄等暖色使幼儿精神振奋、增加活力；蓝、绿等色调，有安定情绪的特殊作用。色彩的合理使用及和谐搭配，可以使幼儿身心感到舒适，情绪趋于平稳，有助于他们健康快乐成长。

二、幼儿色彩心理的具体表现

幼儿园是孩子除了家之外，每天停留时间最长的场所。因此，幼儿园的设计合理与否，会直观地从孩子身上反映出来。一个优秀的幼儿园设计方案，不是以成人的角度揣摩幼儿的喜好，设计师需要通过大量阅读儿童心理学和色彩心理学的相关文献并充分咨询孩子的想法，才能设计出符合儿童心理需求的环境。正确把握色彩的运用，对幼儿园的环境创设至关重要。色彩运用不恰当，不仅会使幼儿感到压抑和不协调，甚至会影响其身心发展。儿童时期是人一生中最迅速接受新鲜事物的时期，将幼儿园变成孩子心目中的乐园是所有设计者和教育者的愿望；让儿童从小在美的环境中接受熏陶，可以提高儿童的审美能力，加强儿童的艺术修养。

色彩，在幼儿的世界中无处不在，是幼儿园建筑环境的构成要素。在幼儿园的教育活动中，环境作为一种"隐性课程"，在开发幼儿智力、促进幼儿个性发展等方面，越来越引起设计师的重视。幼儿时期的儿童身心迅速发育，这一时期的心理印象会伴随其一生。但它的可变性和波动性很大，色彩能够影响幼儿的感觉、直觉、联想、感情，使其产生特定的心理作用，产生吸引力，激发共鸣。因此，在幼儿园环境设计中，色彩的设计至关重要。

三、从多元智能的角度看幼儿园的色彩设计

1983 年，加德纳博士将本计划的研究成果结集，出版了《心智的结构》一书，书中提出了人类的智能是多元化的观点。

传统智力观认为智能只是一种单一的逻辑推理或语文能力，除了逻辑与语文能力之外，其他的能力都是没有价值的。加德纳对这种智力观的恰当性提出了质疑，认为智力必须与实际生活相关联，他在《心智的结构》中对智力的要领进行了重新定义，认为智力应是"在某一特定文化情境或社群中，所展现出的解决问题或制作生产的能力"。同时，他进一步指出人类智能至少有八种，其中包括：

语文智能（linguistic intelligence）：是指口语及书写文字的运用能力。它包括了对语言文字的意义、规则、声音、节奏、音调、音韵以及不同功能的敏感性。

音乐智能（musical intelligence）：是指察觉、辨别、改变和表达音乐的能力。它允许人们对声音的意义加以创造、沟通与理解，主要包括

对节奏、音调或旋律、音色的敏感性。

逻辑 – 数学智能（logical–mathematical intelligence）：是指运用数字和推理的能力。它涉及了对抽象关系的使用与了解，其核心成分包括觉察逻辑或数字的样式、进行推理及处理抽象分析的能力。

肢体 – 动作智能（bodily–kinesthetic intelligence）：是指运用身体来表达想法与感觉以及运用双手生产或改造事物的能力。其核心成分包括了巧妙处理物体的能力，巧妙使用不同的身体动作来运作或表达的能力，以及自身感受的、触觉的和由触觉引起的能力。

人际智能（interpersonal intelligence）：是指辨识与了解他人的感觉、信念与意向的能力。其核心成分包括注意辨别他人的心情、性情、动机与意向，并做出适当反应的能力。

内省智能（intrapersonal intelligence）：是指对自我进行省察、辨别自我的感觉，并产生适当行动的能力。这种智能使个体能知道自己的能力，并了解如何有效发挥这些能力。其核心成分为发展可靠的自我运作模式，以了解自己的欲求、目标、焦虑与优缺点，并借以引导自己的行为的能力。

自然观察智能（naturalist intelligence）：是指对周围环境的动物、植物、人工制品，及其他事物进行有效辨别及分类的能力。

视觉 – 空间智能：是指人类能利用色彩、空间等要素进行思维的能力。其中包括掌握线条、空间、形状、色彩的能力和了解他们彼此间的关系；亦能将视觉和空间的想法立体化地在脑海中呈现，并把这些图像清楚地表现出来。

加德纳认为视觉空间智能是在脑中形成一个外部空间世界的模式并能够运用和操作这种模式的能力。它的核心能力是准确地知觉到视觉世界的能力，是对一个人所知觉到的东西进行加工和改造的能力，是刺激重现视觉经验的能力。它需要同时具备敏锐的知觉能力和想象改造的能力。视觉 – 空间智能强的人对色彩的感觉敏锐，喜欢玩走迷宫、拼图之类的视觉游戏；喜欢想象，信手涂鸦，喜欢看插图，学几何比代数容易。向导、雕刻家、画家等的视觉－空间智能表现特别突出。

在人类的所有智能当中，视觉－空间智能对艺术活动当中空间的想象与色彩思维的创造起着极其重要的作用。视觉空间智能主要包括三个方面：一是视觉辨别能力和空间感知能力，这种能力使人能够敏锐地捕捉色彩、线条、形状等特点，深刻地认识空间的本质属性；二是把握空间方位的能力，这种能力使人善于辨识方向、方位，善于改造既有的空间形态、创造全新的空间形态，同时还具有二维、三维空间的转换能力；三是形象思维能力，这种能力使人轻而易举在缺乏刺激物的情况下在头脑当中创造出一个虚拟的空间形态，对在艺术活动中创造出一个全新的审美形态起着至关重要的作用。培养儿童的视觉－空间智能很有必要，它有利于发展他们的观察能力，促进其对事物观察的敏感性和准确性，同时还有利于培养孩子的艺术能力，使他们更加容易感受到生活中的美，拥有积极的心态。

儿童对色彩的敏感和运用能力也是其视觉－空间智能的一个重要组成部分。从幼儿时期就对个体进行富有启发性的色彩刺激，对儿童色彩思维的形成有着极其重要的意义。对各种色彩进行合理运用有助于儿童右侧大脑的开发，即有助于直觉、敏感性及创造性想象力的开发。鲜亮的色彩，尤其是红色、橙色和黄色，对于培养儿童的创造能力极为有利。因为它们能够刺激儿童右侧大脑的活动，因而对儿童综合脑力的发展很有帮助；与之相反，暗淡的色彩对儿童视觉－空间智能的发展具有抑制作用，往往阻碍儿童的创造能力。综合脑力是指右侧大脑（负责直觉想象）与左侧大脑（负责逻辑思维）之间保持平衡，从而使整个大脑得以均衡发展。保持儿童综合脑力的发展，可以使他们的想象与直觉在实际生活中得到应用。

幼儿园是儿童长期生活、学习的场所，其教育环境对儿童各项智能的发展起着决定性作用。一个科学合理、协调优美的幼儿园色彩环境可以调动儿童对色彩的注意力和兴趣，培养他们的色彩思维，在潜移默化中促进其视觉－空间智能的发展；相反，一个单调乏味或杂乱无章的色彩环境会影响儿童色彩思维的正常发展，这样的色彩环境对儿童视觉－空间智能的发展极为不利，也自然抑制了儿童艺术创造力的发展。

设计师应该充分利用幼儿园这个良好的教育环境，通过集科学性与艺术性于一体的环境色彩设计为孩子们创设一个富有启发性的良好色彩氛围，从而为儿童色彩思维和视觉－空间智能的正常发展奠定一个良好的基础。

四、幼儿园环境色彩设计对策

（一）空间功能与色彩属性相统一

1.学习区域

儿童在幼儿园的大部分时间都会在学习中度过，因此学习区域的色彩设计尤为重要。针对幼儿园学习区域的色彩设计，笔者做了三方面的简单总结：第一，为了集中幼儿的注意力，提高学习效果，幼儿园学习区域的色彩设计不能采用过于刺激、种类过多的颜色进行装饰，这样会转移儿童的注意力，使其无法集中精力学习，从而降低学习效率；同样，颜色也不宜过于灰暗，这样不利于激发幼儿的创造性。学习区域的色彩设计要带给幼儿稳重的感觉，使其能踏踏实实地投入到学习活动中，同时又要符合儿童的心理发展规律，所以一般不宜采用蓝色或蓝绿色，可以采用对比色和补色进行装饰；第二，幼儿园的墙面是发挥创意和展示文化的关键，所以要求幼儿园墙绘色彩的搭配要具有较高的辨识度，培养孩子辨识色彩的能力；第三，幼儿园学习区域的色彩搭配要符合孩子的审美习惯，赋予孩子想象的空间，同时还要带给孩子视觉上的享受，因此应选择明快的色系。大面积的暖色调让孩子的心情保持在一个兴奋的状态，这样有助于孩子迅速接受新鲜事物。

2.餐厅区域

孩子的吃饭问题一直困扰着许多家长，有的家长发现孩子在家中食欲不强、挑食，在幼儿园却能好好吃饭，除了由于在幼儿园有老师们的耐心引导和小伙伴们的陪伴以外，幼儿园为孩子们创设的用餐环境也可以激起孩子们的食欲，增加孩子们身体成长所需的营养，更能培养孩子独立用餐能力和自我管理能力。幼儿园餐厅区域的色彩设计应符合以下设计理念：第一，餐厅设计色彩及造型符合幼儿审美需求，简单热情的色调能更好地促进幼儿的食欲，让幼儿愉快地用餐；第二，幼儿餐厅位置光线明亮，有充足的光照，太强或太弱的光线都会损害幼儿较弱的视力，可合理利用墙面色彩空间，张贴适合餐厅主题的艺术品及装饰画，既提高了文化品质，又能营造温馨的就餐氛围，墙面造型应符合餐厅就餐氛围，采用儿童喜闻乐见的元素，增添童趣；第三，墙面应配合餐厅的主题设计，表面色彩以暖色为基调，辅以对比色，宜采用高亮度、低彩度的色调，局部可采用鲜艳的高彩度色调，例如可以促进儿童食欲的橘红色，并辅以流畅的曲线或图案纹饰加以美化，为儿童营造轻松活泼的就餐氛围。

3.休息区域

在幼儿园中，让孩子在统一的时间睡午觉，其实是培养孩子集体意识与集体责任感的一种形式。尽管许多幼儿园都安排了午睡时间，但调皮好动的孩子往往精力充沛，不愿意午睡，这种现象如何解决呢？休息区合理的色彩设计可以很好地解决这一难题。休息区的色彩设计要达到平缓幼儿心情、提高幼儿睡眠质量的目的，为孩子们创造一个安静、轻松的休息环境。因此，休息区域的色彩设计要充分利用色彩联觉效应，使用冷色调，使儿童心跳减慢、血压下降，从而使其快速进入熟睡状态。同时，睡眠是大脑皮层抑制的过程，为了确保幼儿有足够的睡眠时间，提高其睡眠质量，必须为幼儿提供一个舒适安静的睡眠空间，卧室的隔音效果要好，窗帘也是必不可少的。一般来说，卧室窗帘选择冷色调，可以与墙壁形成协调的颜色，以有效降低室内光线的强度。

（二）空间色彩设计与幼儿色彩心理相统一

简单、纯正、明快的色彩和优美的环境色调最受儿童喜爱，他们对暖色调也表现出一定程度的喜好。明亮的色彩能够使幼儿心跳加快，血压上升，在一定程度上激发幼儿对新鲜事物的求知欲，帮助幼儿养成活泼、爱学、善于与人交流的良好习惯；而单调的色彩则使幼儿心跳缓慢、血压下降、呈现出慵懒的状态，对周围的新鲜事物不闻不问，不利于激发他们的创造性。虽然孩子偏爱纯正明快的色彩，但不代表色彩过多，主色调最多在三种以内，太多的色彩，会分散孩子的注意力，造成"色彩污染"，不利于他们审美能力的发展。

颜色对幼儿心理的影响是巨大的。幼儿具有很强的联想能力，年龄越小联想的事物越具体，比如看到橙色就会立刻联想到橘子，看到黄色就立刻联想到香蕉。幼儿园作为特定场合，色彩的设计应符合幼儿对世界的认知及对事物发展规律的认知。设计师应根据空间作用的不同来做出不同的色彩选择。通过合理的颜色装饰，刺激孩子的大脑发育，使孩子更加聪明、机灵、健康。在幼儿园环境设计的过程中，设计师应将幼儿的心理需求和兴趣放在首要位置，积极与幼儿进行沟通，并参考儿童心理学的相关文献，从中把握幼儿心理特点。幼儿园的环境设计还要关注幼儿年龄的差异，迎合不同年龄段幼儿的喜好。处在幼儿园阶段的孩子基本都对卡通元素、动物元素十分喜爱。因此，设计师可以从幼儿喜好的角度出发，遵循幼儿园空间色彩设计原则，将卡通元素以及动物元素通过丰富多彩的颜色表现出来，以此吸引幼儿的注意力，降低幼儿的抵触情绪，方便幼儿更快地融入幼儿园的环境中，为他们营造一个温馨、舒适的学习和生活环境。只有真正结合幼儿心理特点进行幼儿园环境设计，才能给幼儿创造良好的学习和活动空间。

（三）幼儿色彩空间的创造性与变化性相统一

幼儿处在人生中最容易、最迅速接受新鲜事物的时期，他们喜欢一切吸引目光的东西，讨厌所有一成不变、千篇一律的事物。幼儿的成长是一个循序渐进的过程，这要求幼儿的成长空间充满创造性，拒绝"千园一面"的现象。婴儿阶段，孩子只熟悉爸爸、妈妈的声音和动作，随着年龄的增长和心理逐渐发育，幼儿开始借助色彩、声音和形状认识世界。色彩本身就能带给幼儿丰富的想象力和创造力，通过视觉刺激激发他们的审美能力和想象能力，设计师可以巧妙地将色彩与卡通元素相结合，再辅以自然元素的点缀，给孩子们创造一个充满创造性和趣味性的活动空间。这会让孩子们对幼儿园中的一切产生求知欲望，促进他们创造能力和审美能力的提升，进而对他们的学习和成长起到积极作用。

幼儿色彩空间的变化性体现在两个层面，一是空间色彩本身具有变化性，二是空间色彩要符合各个年龄段的幼儿的需求而产生的变化性。

第一个层面我们可以通过子环境与大环境色调的区分与和谐来实现。在进行幼儿园环境设计时，设计师可以重点关注子环境的颜色，子环境的色调和颜色排列可以与周围的大环境不同，但在其内部也需要颜色统一、和谐，充满变化性；在控制空间子环境的色彩时，可以借助冷暖色调带来的不同心理感受实现。例如，每个班级都会用一整面墙作为主要的装饰墙，它是功能和装饰的统一，装饰墙的色调主导了教室的整体色调，这面墙的布局必须注意冷暖色的配合，应避免太冷、太黑的颜色，并用子环境的色调加以调和。第二个层面是指不同年龄阶段的幼儿对色彩有着不同的需求。幼儿园建设完成后不能一直沿用同一种色彩风格，要伴随幼儿年龄的增长对幼儿园的色彩设计进行适时和适当调整。在进行环境颜色的选择过程中，设计师应避免使用令孩子反感的颜色，每种色彩的背后都带有一定的感情倾向。例如，黑色代表压抑、红色代表兴奋、粉色代表浪漫等。随着幼儿年龄不断提升，对颜色的青睐也有所不同。在幼儿成长的过程中，虽然大部分幼儿都对鲜艳的颜色十分钟爱，但是随着年龄的增长，其对色彩的偏好也在不断变化。因此在幼儿园色彩设计的过程中，应考虑学生成长过程中个人喜好的转变，使得幼儿园的环境可以适宜各个年龄段学生的成长。

第三节　色彩在酒店环境设计中的应用

一、酒店环境设计文化

酒店环境的形式和色调一开始便在客人心中留下第一印象。本着"先入为主"的心理学原则，环境氛围往往能成为客人入住酒店、在酒店消费的因素之一。酒店环境通常包括室内环境和室外环境两大部分，其中无论是室内还是室外部分都与装饰艺术密不可分。我国的传统装饰文化一般表现为梁柱承重的传统木结构建筑，收放自如的建筑空间环境，以及屏风、中堂、门罩、博古架等将空间进行划分和组合的装饰构件等。最后还结合大量古玩珍器、装裱字画、家具陈设等对室内外环境进行美化，更加衬托出中式装饰艺术含蓄雅致、潇洒脱俗的神韵。而西方古典装饰艺术则主要以古希腊和古罗马时期为代表。古希腊装饰一般以古典柱式、黄金和象牙制成的雕塑以及家具等营造出庄严但又不失细腻的环境氛围；古罗马则在继承希腊建筑技艺和古典柱式的基础上更注重建筑环境的空间层次和形体，使其达到宏伟而富有纪念性的效果。公元15世纪初的文艺复兴运动之后，建筑装饰中极具代表性的中央大穹顶结构，各色大理石组成的外墙格板以及美轮美奂的雕刻、马赛克和石刻花窗等呈现出稳健端庄、华丽和谐的总体外观环境。16世纪末巴洛克风格开始盛行。建筑环境中丰润、柔美的椭圆形室内空间，极具曲线美的家具造型等都表现出一种动态的美感。继巴洛克风格后紧接着流行起来的是洛可可风格，它崇尚一种不对称、不均匀的形式美感。其中大量丰富多变的曲线元素、华丽绚烂的装饰性绘画以及大面积刺激性色彩等的使用无不体现出极度豪华、享乐、花哨的审美意向。至 18 世纪后期随着工业革命的到来，装饰风格也随着人们审美观念的改变而发生了显著变化，环境装饰的主流渐渐转为单纯简洁、轻巧明快的风格。19 世纪以后德国的"包豪斯运动"使装饰设计向主张理性原则、强调功能要求的现代主义方向发展，环境装饰往往强调材料的质感，使用大量自然材料和中性色彩营造出质朴简练的空间氛围。而在 20 世纪 50 年代末西方又掀起了一股保护旧建筑的热潮，当古老的建筑中优美流畅的线条、丰富多变的造型、缤纷绚丽的色彩以及精美别致的细节装饰呈现在人们眼前时，立刻激起了人们的装饰热情，形成了一股新的装饰热。至 20 世纪 60 年代，装饰艺术中又出现了一股新力量——后现代派装饰热潮，它在尊重地方历史、文脉的基础上大胆运用错综复杂的彩色墙面替代传统白墙，并在室内环境中运用各种造型夸张、比例失调的巨型花饰、装饰假柱等元素，一次性打破了以往的传统装饰原则。

从总体上来看，历史上的装饰艺术总是在从简单到繁复，再从繁复到简单的往复运动中发展的。单从形式上看似乎是从原点出发又回到原点的过程，但实质上其整体水平却是呈螺旋上升的趋势，是一个不断积累经验的长期过程。

二、酒店室内的色彩心理

（一）彰显高贵气息的色彩心理

紫色、黑色、金色、银色都是具备高贵特性的色彩。但黑色过于生硬，需要与其他色彩相搭配。黑色与金色、白色与银色都是很不错的高贵搭配组合。黑色与亮紫色搭配会产生特有的高贵典雅特性。

（二）应用渐变的色彩心理

渐变是指让色彩呈现阶段性变化。将色彩简单地按顺序排列并形成美丽的配色，就像色环一样按"红、橙、黄、绿、蓝、靛、紫"的顺序排列，形成让人眼前一亮的效果。

（三）类似色的色彩心理

如果色彩比较分散，会给人一种很凌乱的感觉，因此在室内色彩搭配上不要出现跳色的现象。类似色的搭配能够给人以一种井然有序的特殊美感，比如橙色与黄、黄绿等色进行搭配，就是一组靓丽的色彩组合。

（四）强调统一感的色彩心理

在室内设计的整体感受中，色彩的统一感尤为重要。在空间内部，除墙壁与地板外，桌子、椅子、沙发、摆设与灯光也最好达到和谐统一的效果。在整体的搭配中，哪怕出现一处的不协调，都会让居住者感觉不舒服。

（五）强调色调的色彩心理

如果想让居住者感觉室内的整洁，可以有很多方法，其中之一就是利用色调。如果根据相同色调或者相似色调来布置室内空间，所形成的统一感就会给人一种安静祥和的氛围。比如，在卧室以浅色调为主，那么由于浅色调具备"温柔""可爱"的感觉，就会使卧室散发出柔和可爱的气息。

（六）依据心理效果进行配色

色彩不仅能让人产生心理上的联想作用，还会给生理感受带来影响，其中比较典型的就是皮肤对于温度产生的感受，暖色与冷色的概念就是根据这些感觉产生的。

冷色与暖色对人的影响不仅在于对冷暖的感受，还包括对时间流逝的速度与空间宽敞程度等方面的感觉。

比如，在暖色房间中感觉时间过得很慢，而在冷色房间中则会感觉时间过得迅速，在冷色与暖色的房间中，人的体温会有 1.5~3℃ 的差异。这正是冷暖色作用的体现。

三、酒店室外环境设计的色彩应用

酒店室外环境设计包括植物、建筑、小品、铺地、山石以及水景等景观要素的布置。这些要素分布于酒店的主入口、内庭院、景观带以及屋顶花园等多个不同的场所。在进行室外景观色彩设计时，首先要满足功能上的使用需求，其次再根据酒店的整体设计风格对各景观元素进行配色设计。一般城市酒店的室外环境色彩设计首先要强调建筑物的形象特点，通过周围软景、硬景以及配套设施等色彩元素烘托出建筑物的生命主题，形成视觉焦点上的由外向内的布置流线。值得注意的是，度假酒店的设计手法则恰好与之相反，由于其一般位于自然条件优越的景区，因此要求设计师在整个室外环境设计过程中尊重与利用周边自然环境，实现酒店与室外环境色彩景观一体化的独特设计风格，从而引导客人更多地进行室外消费，为其良好的运营创造坚实的基础。同时在室外环境色彩设计过程中还应充分结合当地气候特点、历史文脉以及风土人情等，在景观中融入当地固有的特色，使消费者深刻地体会到酒店环境设计的文化内涵。

（一）建筑

1. 建筑色彩

酒店作为商业建筑，一般根据其地理位置、功能定位以及整体风格选取不同的表面色彩。在当代酒店中大多数建筑为白、灰、黄等中性色系，散发出稳重、大方的气场；而少数通过红、金、蓝等抢眼色彩加上适当的材质演绎，产生新颖别致的视觉效果，成为吸引消费者的一个突出标识。建筑色彩的表现离不开材料这个载体，而材料的质感也是影响建筑色彩视觉效果以及情调氛围的一个重要原因。例如，花木掩映下的木质建筑往往显得清静雅致，碧水绿树环拥下的白墙黛瓦则具有浓浓的东方气息，小巧庭院中镶嵌着鲜艳釉砖的酒店建筑散发着一种热情、亲切的气质，而表面粗糙的灰褐瓦片、石块或稻草所组成的建筑则给人一种粗犷、质朴的印象。在酒店建筑材料选用过程中不仅要考虑其使用功能、美学上的要求，还要能达到可持续发展的长期经营目标。这就需要设计师在整体风格允许的情况下适当选用一些当地材料，从而在减少其建造、维修成本的同时又能突出酒店的地域文化特色，获得事半功倍的效果。

在具体建筑色彩应用过程中，通常所用的色彩设计手法有对比和微差两种。其中对比手法又包含色彩明暗、冷暖、浓淡、进退、轻重对比等不同的方面，建筑表面通过不同性质、不同程度的色彩对比可以增强其空间感、立体感。例如在黑龙江亚布力滑雪场度假村建筑色彩设计中，坡屋顶的亮红色与墙面的白色形成色相对比，从而将暖色的屋顶显得更加突出，在一望无际的白色雪景中显得亮丽而又别致；而微差则是通过强调建筑各个部位以及与周围环境之间的共性从而形成统一的景观效果，适用于亲切、宁静、朴素的建筑环境。

2.建筑色彩与光影作用

建筑色彩与其表面的光影会产生一定的相互作用，从而影响整个建筑的外观效果。如白色建筑表面的被照亮区域与阴影部分的明暗对比通常会比较强烈，而灰色建筑表面的阴影则显得相对较弱。通过运用这一原理，在建筑设计中我们可以将纹理细腻、极有质感的高档浅色材料应用于向阳面；随着一天中阳光强弱的不断变化，建筑表面色彩也会变换出不同的色彩效果。如白色大理石在清晨的阳光中一般呈淡紫色，到正午又恢复明亮的白色；而在傍晚的夕阳映衬下则显现出桃红色。对于色

153

彩鲜艳的建筑而言，这种光影变化更具有视觉表现力。如红色的砖墙或屋顶在冬季的阳光中能反射出青铜般的橙黄色，暗蓝色的陶瓦屋顶在阴天则显现出灰白色等。

近年来随着玻璃幕墙的迅速发展，酒店建筑的光影造型艺术变得愈加丰富。玻璃材质本身就具有银白、蓝、灰、金、茶色等不同的色调，再加上其镜面反射作用，会随着白天黑夜的变换以及观赏者位置的移动而呈现出绮丽的光影变幻。

3.建筑色彩与意境表达

酒店作为商业服务性建筑，不仅在使用功能上要求比较复杂，而且在建筑环境构图处理上也比一般建筑要求更高。而建筑环境的立意是设计中各种构图手法的基本依据，建筑色彩构图如果没有意境支撑，那就只剩下一些空洞的形式堆砌。我国传统建筑自古以来就注重环境的意境营造。如《园冶》中的园说部分所描述的："溶溶月色，瑟瑟风声，静拢一榻琴书，动含半轮秋水，清气觉来几席，凡尘顿远襟怀。"雪白的月色、萧瑟的风声、古朴的琴书、碧绿的秋水等景观元素形成一种超脱凡尘的艺术情境，达到了寓情于景、情景交融的组景效果。而酒店建筑色彩设计在具体立意过程中要考虑的两个最基本因素是酒店功能定位及周边自然环境。

建筑环境色彩设计立意选择中的另一重要影响因素是周边环境条件。从另一角度来看，酒店建筑色彩是否具有别致新颖的立意，往往与设计师对周围环境条件的利用、改造能力有着密切的关系。

（二）植物

酒店室外环境中植物色泽往往自然而丰富。每当开花时节，百花争奇斗艳，使人沉醉其中。为了能在配景过程中将植物色彩的多样性应用自如，设计师必须对各种色系的观赏植物品种有一个深刻的了解。本文中将酒店庭院绿化中常用品种按色系分类，以便分析其组景色彩构图，但在具体运用中还应注意其形态特征以及环境适应性。

1. 红色

红色是最热烈，最能引起人兴奋感的色彩。在酒店庭院中适当布置红色植物可以吸引人们的视线，提亮整体景观的色彩；而开红花的植物又能根据花色的深浅度分为深红、洋红、粉红、紫红等不同种类。

除去观花的红色植物，酒店庭院中的红色观叶、观果植物的应用也极为广泛。其中最具代表性的有秋季观叶树种鸡爪槭、黄栌、红花檵木、红叶石楠以及冬季叶色转红的南天竹等。另外红色的观果植物有蔷薇科的火棘、西府海棠、石榴、水枸子，忍冬科的荚蒾，小檗科的小檗等，这些植物可以在秋冬季节为庭院色彩景观增添几分温暖热烈的色调。

在酒店庭院植物景观中，大片的红色出现时容易使人产生紧张的情绪，因此常需要将其与深绿、古铜、深红等较低调的色彩搭配，这样既能使红色植物从画面中脱颖而出，又不会造成对比过度的负面效果。同时需要注意的是，浓烈的红色因其引人注目的特点容易使整体景观画面失衡，因此在进行红色植物培植时应尽量采用小面积分散点缀的方法，这样往往能营造出重点突出、整体和谐的色彩画面。

2. 白色

白色植物代表纯洁、轻快和浪漫，它不仅能成为洁白雅致的单色花境主体，而且较易与其他植物色彩搭配成丰富的多色花境。自然界中开白色花的植物有广玉兰、玉兰、中华绣线菊、珍珠梅、梅花、月季、山茶、银薇、白鹤芋、马蹄莲、白花唐菖蒲、白花鸢尾、晚香玉、大丽花、菊花、牡丹、茉莉花、栀子花、荷花、木槿等。

白色因其较高的明度极易从背景中脱颖而出，这也是以绿色为主题的花境种植中常搭配白色植物的原因。而当需要用白色植物与其他色彩艳丽的植物搭配时则需要选择花型较小，且较分散的品种，这样可以适当降低白色的视觉冲击力，更好地烘托出花境的主角。另外白色因其强反光的特性适宜种植于阴暗的庭院环境，起到提亮空间的效果；尤其当整体环境处于偏冷的月光照射下时，白色植物会显得异常神秘优雅。

3. 黄色

黄色是除绿色以外植物中最普遍出现的色彩，具有欢快、明亮的性格。开黄花的植物一般出现在酒店庭院的春秋两季，种类十分丰富，包括蜡梅、小苍兰、美人蕉、菊花、文心兰、花毛茛、金花耧斗菜、月季、棣棠、黄刺玫、三色堇、金桂、连翘、黄花夹竹桃、金盏菊、大丽花、萱草等。

另外，黄色观叶植物品种也较为丰富，很多植物的叶子到秋季都会转为金黄色或橙黄色，其中代表性的有银杏科的银杏、槭树科的五角枫、梧桐科的梧桐等。

黄色植物与橙色、红色等暖色调的植物搭配时很容易形成调和的色彩效果，而与蓝色、紫色等植物搭配时则会形成互补色对比；这时往往需要认真处理颜色的深浅色调，并通过适当点缀一些中间色巧妙搭配出和谐的景观画面。

4. 蓝色

蓝色的植物具有一种独特的宁静气质，当成片的蓝色植物出现在酒店庭院中时，人们往往能被其如大海波浪般的景观效果所深深吸引。然而开纯蓝花的植物也十分稀少，主要集中于翠雀花属、鼠尾草属、鸢尾属以及亚麻属等，此外还有许多开深蓝、紫蓝、淡蓝色花的植物品种。

蓝色系的植物总体感觉清爽而宁静，在绿色或白色植物的衬托下往往显得更加引人注目。而如果想在蓝色系花丛中形成较强烈的色彩对比效果，可以尝试在其中加入橙色或黄色系的植物，其中以蓝色与褐橙色的对比效果最为明显。

5. 紫色

紫色具有一种神秘、宁静的气质。作为冷色调的一种，它一般容易淹没于大片的绿色或其他深色植物中，因此造园师常将其作为主体花境大片种植。开紫花的植物种类相对较少，花色从深紫红色到淡紫色不等，常集中在夏季开放。

除此之外，紫叶李、紫叶小檗、紫叶桃、紫叶矮樱、紫叶黄栌等植物的叶全年显紫红色，阔叶十大功劳的果实呈暗调的蓝紫色，也是酒店庭院植物色彩配置中经常应用的品种。

紫色植物容易与邻近的紫红色、蓝紫色等植物调和，组成艳丽、华贵的色彩画面；而当与黄色并置时往往因其偏冷的特性而隐退成背景色，这时如果需要突出紫色效果，常需适当增大紫色植物的面积。

6. 绿色

温带地区的酒店庭院往往沉浸在一个绿色的世界中。绿色是所有植物色彩的最佳背景，也是将植物色彩融为一体的最佳媒介。大自然中的绿色有着无穷的深浅浓淡变化，酒店庭院常用的观赏树木中，叶色大多数都为翠绿色，少数显幼嫩的黄绿色，或灰绿、褐绿甚至黑绿色。其中柏科的金叶千头柏、金塔柏、金黄球柏、金球桧、金叶桧等品种树冠外围嫩叶显黄绿色，而老叶则由外向内逐渐转为深绿，整个植株绿中透出明亮的黄色，色调轻快。而叶色偏深绿的树木品种有柏科的云头柏、杨柳科的新疆杨等，树叶呈灰绿色的植物有雪松科的雪松、红豆杉科的东北红豆杉等，另外木樨科的月桂叶表颜色为光滑油亮的黑绿，而蕨类植物的叶片则往往呈现出暗调的褐绿色。此外，春季植物刚抽出的新叶、草坪上刚长出的新草一般为幼嫩的黄绿色，随着时间的推移慢慢转为生机勃勃的翠绿。在进行以绿色为主题的酒店庭院设计时通过充分利用这些绿色调的微妙变化，可以营造出层次分明、富有节奏感的植物色彩景观。

（三）小品

酒店环境中的小品包括雕塑、灯具、座椅、垃圾桶、花架栏杆、树池花坛、指示设施等景观元素，材料囊括石材、金属、竹木、陶瓷、塑料等多种类型，在设计过程中一般以符合功能要求为目标，但同时色彩上经过精心设计的小品也能在整个环境中起到画龙点睛的作用。因此其色彩应用也是酒店环境设计的一个重点。

其中标识设施主要起指示的作用，在色彩上应能引起人们的注意，所以标识设施应尽量使用一些具有表现力的色系，同时也要注意与整体建筑风格相统一。酒店庭院中的雕塑一般体量不大，多为小巧精致，其材料有铜、钢、石材等；具体色彩表现上有时呈鲜艳的中国红、柠檬黄等亮色，体现出活泼的当代气息；有时则设计成低调的古铜色、浅灰色或红褐色，通过适当的做旧处理，散发出浓郁的历史感。灯具是用来夜间照明的设施，多采用黑、灰等稳重的色彩；白天可以参与庭院组景，晚上则以柔和的照明丰富庭院的夜色。尤其是一些特色照明灯，其照度、灯光色彩等方面都经过精心的设计，用来营造某种特定的环境气氛。而在酒店入口或主要景点处有时还会通过设置连续的灯具来勾勒水体、花坛或小广场的轮廓，这时再加入一些生动的彩色光，更能为庭院色彩景观增添不少生机。座椅是供人们坐着休息的小品设施，其中传统风格的座椅一般呈灰色或褐色等自然色，而现代风格座椅在色彩使用上一般不受限制，可以根据周围环境风格进行选择。酒店环境中的垃圾桶色彩包括红褐色、银色、灰色、青色等，一般常在其色彩表现中融入当地文化特色，体现出细节上的匠心独运；而酒店的花架栏杆则多采用原木材料，呈自然的棕褐色，常与一些绿色植物搭配组景，色调自然而又清新。有时，一些西方风格的庭院则会将栏杆粉刷成白色，并且种植几株藤蔓开花植物攀扶其上，这时栏杆的冷色调可以将植物色彩衬托得更加鲜艳。酒店中的花池一般采用浅灰、白色的石材或混凝土围合而成，其中一些中式风格花池也会通过采用青砖材料给人古色古香之感。另外值得一提的是，那些木材、石材或陶瓷材料的精致花钵，往往能与色彩鲜丽的植物一起组成庭院景观中的精彩点缀色。

（四）山石

在酒店室外环境中，尤其是中国古典风格的酒店庭院中，经常运用石景作为造景元素，从而将名山大川的姿态融入咫尺庭院中。或围池作栏，或叠山构峒，与水景和花木一起组成一幅别致的山水写意画。园林造景中的天然素材种类繁多，达一百余种，现代酒店庭院中经常使用的有太湖石、黄石、宣石、英石、腊石、锦川石、花岗石等。太湖石因长期受湖水浸灈、波涛拍打表面光滑莹润，呈现出自然的灰白色。黄石一般呈黄色、褐黄色或褐红色，质地坚硬，石纹古拙，给人浑厚粗犷之感。宣石色泽洁白，英石色泽灰黑，表面较有光泽，纹理天然，带有大小皱褶，形态常呈剑戟状，很有棱角分明的气势。腊石色如其名，呈黄色，表面圆润光滑，形态也浑圆憨厚，当代酒店造园中常将其散置于草坪中或树荫下，具有观赏以及充当坐具等作用。锦川石有时呈纯绿色，有时五色兼备，质地圆润，形如雨后春笋，常作为细节点缀于竹林中，精致而极具韵味，但现代造园中很难得到这种材料，因而常用人工灰塑仿石替代，有时可以达到以假乱真的效果。花岗石表面一般有 2～3 种色彩颗粒，近看时有着细腻的色彩构成，而远观时则是几种色彩的混色效果，并且一般彩度较低，色调沉着，用作石景的花岗石一般呈灰褐色，多呈蛋形，体量较小，常用作散石置于坡地或水池旁，营造出淳朴自然的氛围。

酒店庭院中的石景一般不是独立存在的。作为借景、对景以及障景的主要景观元素，需要与周围的植物、水体以及建筑色彩相互调和，从而形成和谐的整体画面。如北京香山饭店石景中采用柳州石材将多石结合成山，石景的灰白色与深绿的青松形成较强的对比，从而使石景整体呈现疏密有致的走势。

（五）水景

自古以来水景在庭院造景中都是抒情寄意的主角，因而其形态与色彩设计自然也十分考究。水本身是无色透明的，但营造成水景的形式后常因水面面积、水深、光源色以及倒映于水中的景物的不同而呈现不同的颜色。现代酒店庭院中的水景有时还会别出心裁地在浅水池底铺一层卵石或青砖，如此形成的水景色彩更加出人意料。一般来说庭院水景可以呈现出青、蓝、黄、白绿、新绿、雪白等丰富的色彩，并且随着人工照明色彩以及季节的变换而发生相应改变。酒店庭院中的水景一般可以根据整体形态和风格的不同分为自然式水体和人工化水体两大类。

酒店环境中的自然式水体往往通过模拟自然界中或静或动的水域形态，营造出静谧、幽雅的色彩景观，令人流连忘返。特别是有些建于景区中的度假酒店，设计师往往会利用其大面积的自然水域构筑一些大小不一的岛屿，岛上常布置多层次的绿色景观，与水体相互映衬，成为室外的主要观景点。

酒店环境中的人工化水体一般呈几何形状，多采取直线形驳岸，紧邻建筑物或雕塑小品构筑，通过水中的倒影来展示建筑物立面上的另一面色彩风格；有时还会通过在水池中设置汀步、休息椅以及植物等景观要素，形成舒适、优美的滨水空间。

四、酒店室内环境设计的色彩应用

（一）大堂空间

酒店大堂的色彩风格往往是亲切宜人的，有时充满了代表当地风情的浓郁色彩，有时则会运用一些低调的暖色来突出精美的空间造型，这些美轮美奂的色彩加上精心布置的照明设计，充分显示出大堂不仅是一个提供公共活动场所的空间，更是一个突出酒店设计主题的视觉焦点。酒店大堂是给客人留下第一印象的重要空间。主要功能为引导和接待顾客，同时还附带提供一些休闲或餐饮服务功能空间，包括入口、服务台以及休息区等部分。

其中酒店入口大厅注重给客人带来尊贵礼遇的感觉,其色彩是酒店整体风格的形象标志,一般通过热烈、亲切的色彩布置在第一时间给客人造成一定的视觉冲击。其中当代风格的酒店一般通过简练的少量色彩来凸显大气、个性的环境氛围,而传统风格的酒店入口则更偏向于选择具有渐变韵律的暖色系,彰显其高贵、典雅的独特气质。

服务台是大堂中与顾客接触最密切的区域,有时由一排高脚凳和稍低的桌面整齐排列而成,有时也会直接采用较高的服务台面来形成传统的"封闭式"设计;服务台面一般根据酒店的主题选择不同的材质和色彩,以大气的黑色或棕色大理石、花岗石、木材、皮革等材质为主;也有许多酒店采用人造大理石、玻璃或金属等当代材料,配合各种色彩的灯光营造出鲜明而具有个性的色彩效果。服务台工作区域后面常设置大面积艺术背景墙,色彩要与其表现的题材相协调,一般采用壁画或浮雕等形式结合精致的灯光表达出地域性或历史性等各种主题。

大堂休息区是供客人休息、等待、会见的空间区域,其色彩设计一般通过运用明亮的暖色或优雅的古典色营造出大方、富丽的感觉。另外,一些酒店大堂休息区会通过运用具有地域代表性的热烈色彩,使客人在休息的同时领略其独具特色的民族风情,而少数现代风格酒店则会运用少量几种深色演绎出简约、精致的环境主题。其中休息区地面可以与大堂其他区域通过色彩区分开来,常采用暖色调或中性色调的地毯、木材等表现出悠闲宁静之感,家具色彩应尽量根据不同主题的表达选用适当的色系,尽量在整体空间色彩上保持一致;而墙面则常通过字画、工艺品等形成局部活跃的色彩对比。另外休息区的灯光应尽量采用柔和的暖色调,与整个休息区色彩风格融为一体。

(二)餐饮空间

酒店的餐饮空间是指提供用餐、饮料等服务的空间,如餐厅、茶馆、咖啡吧、酒吧、宴会厅等,通常包括就餐服务区、管理区以及厨房区等部分。餐饮空间是为客人提供休闲、交流的场所，因此其色彩设计应主要以欢快、明朗、热烈的暖色调为主，这样更能引起顾客的食欲和消费欲望。

1.宴会厅

宴会厅是酒店中举行欢迎、答谢、祝贺、纪念、喜庆等大规模餐饮活动的场所，空间一般较大并呈规则对称布局。厅内一般采用红、黄、深棕等气派而又喜庆的色彩，结合比一般餐厅更复杂的空间造型，以营造出宴会应有的热烈、隆重的气氛。大厅地面应选用比墙面稍重的色系，通过石材、优质木材或地毯等材料，显示出庄重、沉稳的感觉。墙面则常采用暖色调的木材、壁纸或织物进行装饰，这样既有助于营造出华美的色彩画面，又能达到良好的吸音效果。而宴会厅顶棚一般使用与墙面相呼应的色系，结合一些造型华丽的吊灯，使得厅内整体色彩上具有一种恢弘大气的感觉。

2.餐厅

酒店餐厅一般可分为中餐厅、西餐厅以及风味餐厅三类。

其中，中餐厅常以朱红色、金色、玄色、黄色等古典尊贵色彩为主，营造出富丽堂皇之感，而餐厅中桌椅等家具的颜色则常采用古朴浑厚的黑色或精致细腻的棕色，室内陈设品多为传统的青铜器或古瓷器，整体环境色彩散发出浓厚的历史沉淀感，必要时设计师常通过运用字画、屏风等素雅的装饰设施来缓和金、红、黑等厚重色彩所带来的视觉刺激，在整体的富贵基调中融入一定的书香意蕴。

而西餐厅色彩设计则多侧重简洁凝练，常使用具有现代感的乳白色、乳黄色、浅咖啡色等干练色彩，既能增加客人的食欲，又能使整个餐厅环境显得洁净、雅致。另外有些酒店西餐厅还会运用一些色彩华丽的家具渲染出高贵而富有魅力的就餐氛围，十分贴合就餐环境的休闲、交际等功能需要。

风味餐厅则可以分为日本料理、意大利餐、泰国菜、巴西烤肉等不同类型，在进行色彩设计时应注意突出餐厅环境的地域风格。如日本料理餐厅则尽量使用肃静清淡的黑、灰、褐、白等色彩，而印尼风味餐厅则可以通过运用浓郁的深红、柚木的深褐等民族色彩营造出浓郁的东南亚风情。

3. 酒吧

酒吧是主要为客人提供酒水等饮料的场所，在环境设计中往往追求一种热烈、欢快而又不失庄重的气氛，可以让身处其中的客人情绪高涨，兴奋而又不至于失态。吧台是整个酒吧环境的视觉中心，在色彩和形式设计上都有极高的要求。台面一般采用黑色或深灰色等具有神秘感的暗色系，材质以大理石、木材和聚酯材料为主；酒吧空间中的桌椅常选用明度较低的暖色系或无彩色系，配合暗淡的照明散发出神秘、浪漫的艺术效果；同时也有一些个性酒吧会通过采用抢眼的饱和色系营造出热烈、欢快的环境效果。

4. 咖啡吧

咖啡吧是以啜饮咖啡、饮料以及品尝西式糕点为主的餐饮环境，是客人进行社交、商务活动以及享受休闲时光的时尚消费场所。其环境气氛应突出幽静、轻松、雅致等特征，色彩设计中极少使用热烈、刺激的色系，常运用白色、咖啡色、金黄色或粉红色等营造出轻松、甜美的色彩氛围。

5. 茶室

茶室是以饮茶、品茗为主，重点展示中华民族悠久茶文化的高品位餐饮环境，其装饰风格往往为典型的传统中式风格，注重营造出一种古色古香、清雅脱俗的空间意境。茶室中家具多采用配有精美雕刻的红木或仿红木明清风格家具，室内陈设包括古典字画、古玩文物、艺术品以及博古架、屏风等，整体色彩以棕、黑、青等中性色调为主，偶尔其中

163

会点缀几笔盆景的鲜亮色彩，重点营造出简洁低调的环境氛围。

（三）客房空间

客房，是酒店内最核心的功能区域，主要提供睡眠、会客、阅读办公、洗漱等功能。因此其色彩设计应尽量给人舒适、放松、私密的感觉，能最大限度地体现出对客人的人文关怀。客房作为主要休息区域，其色彩设计一般通过中性色或单色调搭配营造出安静、舒适的感觉，尤其是窗饰部分常采用低调的色彩、简洁的纹理来突出窗户的明亮和开敞感。在装饰客房空间时还要注意运用各种不同质感的织物、陈设品、家具等形成局部小范围的对比色搭配，使整体空间氛围在安静的主基调上增添几分明快和生动。根据功能的不同客房空间可以分为睡眠区、会客区、壁柜和走道区以及浴室四个部分。

1.睡眠区

酒店客房的睡眠区一般以柔和的暖色或中性色作为空间主调，塑造出温馨的睡眠氛围。酒店客房客人花费时间最多的区域同时也是设计师展现其配色技巧的绝佳场所。一般酒店中睡眠区的色彩设计可以分为传统风格、当代风格和特定地域风格三种。其中传统风格的睡眠区墙面常选用少数几种新古典主义的色彩做简洁的单色调搭配，传统风格具有代表性的颜色有黄色、灰色、米色以及象牙色等；此外窗帘、帷幔、艺术品以及床上用品等则可以选用中等纯度的较强色彩作为画面点缀，从一些细部着手来体现出一定的时代特征。典型的当代风格客房睡眠区通常采用简洁的直线条和利落的造型细部，这种形式上的极简主义趋向往往能给色彩更大的表现空间。当代风格的色彩设计如同在空白纸上作画，应尽量将有特点的陈设物配上较醒目的色彩，旨在营造出空间的视觉焦点；而对于追求自然的当代客房，则可以尝试在一系列中性色中拉开明度差异，这样既能让空间形成自然的一体又能避免单调、乏味感。特定地域风格的酒店客房睡眠区则往往通过运用具有民族代表性的色彩演绎出独特的地域人文风情。

2. 会客区

客房会客区一般采用与主色调相近色系的家具，在植物选择上应运用一些能增加环境亲切感的暖色系，地毯宜选用耐脏的较深色彩，但其图案和配色不宜过花，在这种整体素雅的色彩背景下可以适当搭配一些色彩鲜艳的沙发靠垫、插花等小陈设，以形成适度的局部色相对比。另外客房吊顶应采用简洁的造型，一般以白色为主，必要时可以依据客房的整体风格在天花周围做少量中性色系的装饰。

3. 卫生间

在有限的空间、有限的预算条件下设计出既舒适方便又能突出酒店主题的卫浴环境是得到客人认可的另一关键因素。需要注意的是，卫生间湿区中应选用石材、瓷砖、缸砖等防潮性和防滑性较高的材料，尽量避免大面积使用地毯等吸水性材料。卫生间的整体色彩设计一般遵循"少即是多"的设计理念，注重营造整洁干净的环境氛围，因此常选用浅色作为空间主调。但这种极易沦为平庸的浅色调往往需要通过一些独特材质来表现酒店的文化主题，达到令人记忆深刻的效果。有时在处理这类小空间配色时常常会将红、黄、蓝、黑或金属色等有表现力的色彩作为点缀色小面积应用于家具中。通过与主色形成局部色彩对比，在台面、镜子或浴缸等区域形成一个视觉焦点。在少数一些传统风格的酒店卫生间中，设计师还会尝试使用两到三种新古典主义的暗调色彩作为环境主色调，这些能代表特定地域特定历史的浓郁色彩往往能将某种风格表现得淋漓尽致。但需要注意的是在这整体灰调的氛围中常需要用一些象牙白、浅灰、黄色、杏色的陈设品来降低整体的色彩强度。

4. 储存区

客房储存区空间较小，衣柜、行李架等主要家具色彩一般与其他家具一致，以深棕、浅黄、灰色、白色等素雅的色调为主。

第四节　色彩在园林植物景观设计中的应用

一、园林植物色彩的分类

由于园林植物是有生命的，因此会呈现出不同的生长周期；每个周期表现出不同的姿态和色彩，因此，大部分的植物给人变化多端，五彩纷呈的感觉。植物色彩主要通过其叶片、枝干、花朵和果实等方面来表现。其中植物叶片的色彩在时间和空间上更具观赏特点，在园林植物应用中占据重要地位。如南京中山陵的梧桐和银杏，在观赏期形成一种壮观的植物色彩景观；在以前的园林应用中，植物枝干的色彩表现力由于色彩的稳定性而往往被人们忽视，其实就这一特点而言，植物的枝干搭配好的话也可以创造出很好的景观效果。例如灰色的墙面前配置落叶乔木，在冬天，枝干的色彩和墙体融为一体，呈现一种如诗如画的观赏效果。因此，植物的各个部分都可以通过合理的应用搭配出理想的景观效果。下面就单独了解一下植物各个器官的具体作用。

（一）园林植物的叶色的分类

植物的主要色彩便是其叶色，虽然大部分表现为绿色，但是由于深浅不一，加上形态各异，随着季节的不同还带来丰富的变化，主要有浅绿、中绿、深绿、墨绿、嫩绿、黄绿、蓝绿、褐绿等。乔灌木中还有大量的彩色植物，叶色的分类由于其特殊性而多种多样。

1.基本色叶植物

园林应用中将全年都表现为绿色的植物归类于基本色叶植物，一年中叶片色彩的变化不大，色彩较为稳定。不过也会随季节和气候的不同而变化，例如侧柏、冬青、雪松等，虽然常年表现为绿色，但是春季发芽时枝头也会出现嫩绿或淡绿色的叶子，其他季节则变化不明显。侧柏、女贞、龙柏、雪松等基本色叶树种常常用作城市园林植物的主要树种。园林植物所形成的艺术效果，并不是孤立存在的，要求园林工作者在进行城市环境美化和植物配置之前，必须对园林植物的叶色、枝干以及花果色彩等各种观赏特性有较为深刻的了解和领悟，只有这样才能创造出优美壮观的园林景色，才会充分发挥出园林植物的观赏特性。

2.彩色叶植物

彩色叶植物，即非常绿色的特殊色叶植物。广义的彩色叶植物指在植物生长季，叶片能够比较稳定地表现为非绿色的色彩效果的植物；狭义的彩色叶植物指在春秋两季或者包含夏季在内，能够呈现非绿色的色效果的园林植物。

我国植物资源种类繁多，彩色叶植物是园林植物资源的重要组成部分，在城市园林应用中发挥着重大的作用。根据不同的专业或行业的需要，彩叶植物分类方式不同，一般分类如下：

（1）常色叶植物。常色叶植物是指那些叶片在整个生长季节都表现为彩色的植物。常色叶植物主要包括单色叶植物、双色叶植物、斑色叶植物、条纹类植物四种。其中单色叶植物指叶片只有一种颜色，双色叶植物主要是指植物叶片的上下表面颜色不同，如红背桂、杜英、白杨等；斑色叶植物主要表现为彩色斑块的色彩，如常见的洒金东瀛珊瑚等，树叶如梦幻般随风摆动；条纹类植物主要表现为彩脉类和镶边类两种，彩脉类叶片的叶脉呈现彩色，有红脉、白脉或者黄脉，如变叶木、金脉连翘、花叶艳山姜等；镶边类植物常见的有金边黄杨、金边马褂木等。常色叶植物在园林中几乎全年都可以较好地维持植物色彩的观赏效果，如常年表现为紫红色的紫叶小檗，叶色常年表现为黄色的金叶黄杨。

（2）季色叶植物。季色叶植物即植物的叶色随着季节的不同而产生变化的特殊颜色的园林植物，主要分为春色叶植物、夏色叶植物、秋色叶植物和冬色叶植物四类。其中春色叶植物是指春季叶片呈现彩色变化的植物，例如常见的石楠，常年绿色，早春嫩叶为紫红色，老叶秋后部分出现赤红色；栎树，早春嫩叶为黄绿色，夏季呈现绿色，到了秋天则变成了褐黄色；类似的还有五角枫、栾树、桂花、香樟、黄花柳、七叶树等。夏色叶植物是指叶片在夏季表现为非绿色的植物，如金叶白蜡，秋色叶植物是指叶片在秋季呈现彩色变化的植物，这类植物比较多，如银杏、白蜡、梧桐、白桦、无患子、栾树、栓皮栎、悬铃木、水杉、金钱松等，秋叶呈金色、黄色、黄褐色等。前面讲到的五角枫、鸡爪槭、黄栌、黄连木、南天竹、乌桕、石楠、五叶地锦等秋叶则表现为红色或紫红色。

（二）园林植物花色的分类

植物的花色如彩虹般丰富，为园林设计师的色彩设计提供了丰富的调色板；为了最大限度地利用色彩的多样性，了解每个花色的属性特征和性能以及色彩之间互相搭配和对彼此的影响，是至关重要的。园林植物的花色主要可以分为以下几种：

1. 黑色花系

黑色代表着庄重，在植物界开黑色花的植物具有相同的魅力，不过它们实际上并不存在。那些人们认为是黑色的花，都含有红色或者紫色的成分，如紫竹梅，紫叶酢浆草等；还有所谓的黑色郁金香其实是深紫色的。不容置疑，黑色会给植物景观增加不少趣味性。其浓重的颜色与浅色相比反而更能吸引人们的视线。在整个色彩设计中，黑色可以有规律地重复使用。

2. 蓝色花系

比起其他颜色，蓝色更容易使人着迷。在自然界中，真正开蓝色花的植物很少，尽管植物育种家为此努力很久。许多植物被描述为蓝色的花或者叶，实际上或多或少都带有其他的颜色或者偏蓝，比如鸢尾，风信子、八仙花、紫丁香、翠雀等，比较多见的大部分属于国外的品种。蓝色植物景观能营造出一种平静的气氛，给人清爽而宁静的感觉，如果增加绿色和白色，这种效果会更加明显；蓝色与褐橙色是对比色，夏末，在橙色的美人蕉中点缀高大的蓝花鼠尾草，可以形成强烈的对比，但又不过分突出对方，从而达到完美的和谐效果。

3. 绿色花系

绿色平和而宁静，常常作为园林植物的背景色。提到绿色人们总是想到植物的茎、叶，其实也有开绿色花的植物。比如浅绿烟草、欧洲绣球花、绿花风信子、大戟属等，正是特殊的颜色使得它们更显珍贵。再加以巧妙的配置，可以创造出有趣多变的观赏效果。

4. 黄色花系

黄色是植物最普遍拥有的花色，自然中有三分之一的园林植物属于黄色系花。黄色系花在春夏两季的灌木、路边、山坡和园林中非常常见。当一些设计师因为黄色的明亮和欢快喜爱它的时候，也有一些设计师会因其过分的明亮而拒绝使用。黄色作为主要的原色之一，在与比它弱的颜色相配时会很突出，而与比它强的颜色搭配也会形成强烈的对比；因而在使用黄色时需要细心地搭配选择。想要搭配好黄色，就要巧妙地运用好色彩的搭配原理。要知道黄色、橙色、红色是调和色，而与蓝色是互补色；强烈的蓝色和黄色对比会过于刺激，因而当蓝色和黄色组合时，要巧妙运用二者或深或浅的色调搭配；就像前面提到的蓝色和橙色搭配就会比较和谐。开黄色花的植物有很多，如连翘、迎春、金钟花、桂花、黄刺玫、黄瑞香、黄月季、黄杜鹃、黄蔷薇、黄木香、金丝桃、金丝梅、蜡梅、金老梅、大丽花、锦鸡儿、云南黄馨、米兰、萱草、菖蒲、金雀花、黄夹竹桃、菊花、金盏菊、蜡瓣花、向日葵等。

其中菊科类花卉，为夏季的植物提供了丰富的黄色。这些植物的花色不仅自身具有良好效果，且当点缀于浅黄色花植物中时，能够丰富色调的变化，衬托彼此的形状和质感，可使植物景观更加丰富。如果将这些黄色的花与红色和橙色的植物相配，就会营造出富有异国情调、生动的植物景观。黄色花的植物还可以亮化黑暗区域。庇荫的墙边或者是池塘边的树荫下，如果种植黄色花的话就可以带来光亮感，形成美丽的景观。

5.红色花系

红色是最令人激动的色彩。日常生活中，人们通常用红色来表达强烈的情感。一旦看到红色，就很难让人无动于衷，转移视线，所以在园林植物设计中使用红色需要高超的技巧。尽管如此，红色比其他任何颜色更能使景观活泼、丰富和富有戏剧性，如一串红。

红色花系的园林植物很多，自然界中约有三分之一的园林植物的花属于红色系。红色和绿色是互补色，当看到鲜艳的红色和绿色在一起时，会呈现出一片红色系的花镜景观，会令人感到紧张和兴奋；相反，将红色的植物与深红色、古铜色、紫铜色叶搭配在一起时，就不会特别突兀反而产生丰富而和谐的景观。因此，那些开红花且具有深红色叶子的植物备受青睐，比如大丽花和美国紫黑须苞石竹。

纯正的红色适宜近观。在多种植物混合种植时，大面积的红色会像磁石一样吸引观赏者的视线，这样就容易导致整体景观的韵律和平衡感不佳。这种情况下，需要在植物景观中重复地点缀小块的红色。将猩红色、朱红色与橙色、黄色搭配在一起时，会产生明艳的效果；将偏冷的红色调与深色搭配在一起，比如与深蓝色、紫色、金黄色、青铜色等搭配在一起，就可以形成丰富的景观效果。

红色系里的粉色也是常见的花色植物，一提到粉色，人们常常会联想到像绒毛一样轻盈而有趣的感觉。其实，粉色带来的感受很多，最浅的粉色会给人纯洁无瑕的感觉；但非常浓艳的粉色，会有刺眼、唐突的感受。很多人认为粉色是红色和白色混合而成的，然而粉色绝不是如此简单的颜色，它的组成成分很复杂。

粉色有两种不同的色系——暖粉色和冷粉色。若暖粉色中黄色的成分多些，就会更接近杏黄色和浅橙色。这种粉色可以与黄色系花相协调。色彩专家建议分开使用暖粉色和冷粉色，因为它们在一起会产生冲突。不过，因为光线及邻近搭配植物的不同，尤其是黄昏时分，太阳呈现金黄色时，一些花会由冷粉色变为暖粉色。所以，如果想营造出和谐的粉色系效果，冷粉色应该与蓝色、紫罗兰和白色相搭配，而暖粉色应该与杏黄色、黄绿色搭配。

6. 白色花系

白色代表纯洁、朴素、轻快、有序和浪漫。白色装饰的园林植物曾以它的优雅深受造园师的喜爱而被广泛应用，因为它们不仅单色配置效果优美，又易于与其他颜色的植物搭配在一起。但人们对白色花的界定通常并不是很严格，乳白色、浅蓝、浅粉色等色彩都被当作白色系。现在的园林设计师可以随心所欲地选择白色的植物来搭配出他们想要的景观效果。

白花百合的花色是最为纯正的白色，而郁金香色花色则为象牙色，毛蕊老鹳草的花瓣呈现出细腻的紫色脉。白色是最容易从任何背景中跳跃而出的，因此开白色大花的植物在多色植物配置中易成为视觉焦点。与其他多种植物搭配时，应该选择开白色小花的植物，这样白色的冲击力得到了减弱，景观整体的韵律与平衡不易被打乱。如锥花石头花和心叶海甘蓝，在初夏开小白花，就可以营造这种景观效果。山桃草因其钟形花朵排成松散的穗状花序，夏末时散植在群落中具有和石头花与海甘蓝一样轻盈的效果。白色的花和黄色的花一样，具有亮化黑暗区域的特性，适宜用于较阴暗的花园。如将开白花的一年生草花如波斯菊、烟草和金鱼草栽植在小路旁、花坛中，或者是园中的座椅旁等游人经常经过或者停留的地方。在夏季温度适宜的夜晚，大片的白色让人产生梦幻般的感觉。

开白色的植物有郁金香、四照花、百合花、茉莉、接骨木、白牡丹、白丁香、白檀、欧洲荚蒾、马蹄莲、白茶花、溲疏、白玉棠、栀子花、梨、白碧桃、灯台树、白鹃梅、山梅花、女贞、白玫瑰、白杜鹃花、络石、荚蒾、枸橘、甜橙、刺槐、风箱果、绣线菊、白玉棠、栀子花、梨、白碧桃、银薇、白木槿、玉兰、珍珠梅等。

（三）园林植物果色的分类

除了叶色和花色外，在千姿百态、种类繁多的园林植物中还有一些以其奇特的果形、艳丽的果色、多样的果序而颇具欣赏价值，这样的植物被称之为观果植物。在园林规划中，观果植物不仅可以美化环境，还有调节气候等功能，既可以观赏又可品尝，其果实的诱人色彩则更是具有很好的观赏价值。苏轼的"一年好景君须记，正是橙黄橘绿时"就是对果实色彩的真实写照。观果植物在园林绿化中具有不可替代的地位，可弥补普通草坪、观花植物在造景中的不足。一般果实成熟多在夏秋两季，夏季红紫、淡红、黄色等暖色系的圆点果实点缀在绿色叶片中，形成不同于花卉带来的独特景观，打破了园林景观的寂寞单调之感。秋季果实一般以红色和金色为代表，就有了金秋之说。

（四）园林植物枝干色的分类

在园林植物色彩设计中，人们常常在研究花卉或者植物叶色的配置，对于植物的枝干更多的是在意它的形态，而忽略了植物枝干色彩的观赏性。实际上枝干的皮色也呈现出很多丰富的色彩，比如暗绿色、古铜色、斑驳色等，尤其是在落叶树比较多的北方寒冷地带，树木枝干的形态和颜色能营造一种特殊的景观效果，往往能引起人们的观赏兴趣。

从某种意义上说植物的枝干色彩也参与了植物景观的色彩效果，起到过渡或调节作用。按照植物枝干的色彩差异可以分为斑驳色、绿色、紫色、白色、灰色、红褐色、黄褐色、灰褐色七类。其中枝干颜色表现为红褐色的园林植物有山桃、杏、蔷薇、马尾松等；枝干颜色表现为黄褐色的植物有红叶李、黄桦、金竹等；枝干颜色表现为紫色的植物有紫竹等；枝干颜色表现为绿色的植物有梧桐、迎春、竹子等；枝干颜色表现为灰褐色的植物特别多，大部分植物的枝干色彩表现为灰褐色；枝干颜色表现为白色或灰色的植物有白桦、毛白杨、胡桃等；枝干颜色表现为斑驳色的植物有白皮松、法桐、美桐、榔榆等。因此在园林植物的色彩配置中，适当考虑植物枝干色彩的设计，会营造出不同的植物景观效果。

二、园林植物色彩的时序变化

（一）园林植物的四季色彩配置

1.春季的植物色彩搭配

北方的初春，大部分花木开始发芽展叶，植物抽出嫩绿的枝芽，整个大地都呈现一片嫩绿，同时又有大量的先花后叶的植物开出漂亮的花朵。鲜嫩清新明亮的柠檬黄色和绿色取代了冬季的白、银、灰、褐等有限色调，同时还有大量的粉色和斑驳的红、橙、紫等色彩，显现出春天的勃勃生机。

2.夏季的植物色彩搭配

夏天，大部分植物植株已生长成形，花木在此时已枝繁叶茂，色泽也由春季的清纯鲜嫩而变得斑斓夺目。大片浓绿、浓缩的鲜红、饱和的蓝天色、刺激的明黄阳光色，都表达出夏天强烈、刺激的光色感觉。它们多为高彩、明度对比强、色相对比强并充满补色对比关系的强烈色调。

由于夏季天气炎热，人们面对暖色的植物只会感受到更加烦躁，所以植物色彩配置要尽量避免应用橙色，再加上光照强烈以及色块面积过大的原因会导致色彩过于耀眼，色彩搭配效果常常不佳。夏季植物的色彩搭配应多用绿色、蓝色、白色等冷色系植物作基调，表现清凉、安静、平和的景观视觉效果；色彩艳丽的花色和彩色叶则可以作为强调色，来突出设计中的某一重点景色，为布局增添活力和兴奋感。

夏季背景材料中，可以选择经截头修剪的毛泡桐，其叶片宽大而效果奇特，也可选择紫叶小檗和红叶类的植物。许多色彩鲜艳的植物在夏季开花，在主要以花卉为主的造景中，可以将粉色与紫红色、紫色和蓝色相搭配，很容易创造出适合时令的和谐景观；也可以尝试对比配色的方法，如黄色和蓝色相配作为景观色彩的点缀等。

3. 秋季的植物色彩搭配

秋季随着气温下降天气变冷，草木的绿色逐渐消退，变为色调艳丽动人的黄色、橙色、红色、紫红色，形成华丽壮观且具有神秘感的效果。

秋季展现的是成熟美，色彩绚丽，颜色选择范围增加，总体设计上以金黄色、灰棕色及深棕色等为基调色彩。搭配时可以少量点缀些耀眼的橙色和鲜艳的红色，也可以利用黄橙与蓝紫的补色对比色调，渲染出一年中最浓艳的植物群落。

彩叶植物的斑驳陆离，更显迷人，格外明艳。红叶、黄叶、柿子之类果实在紫蓝色天空映衬下格外明亮火红，体现出秋季的光彩与成熟收获的喜悦。

4. 冬季的植物色彩搭配

我国北方冬季寒冷且常有浓雾笼罩，天气经常是灰沉沉的。在冰雪严寒的侵袭下，呈现出来的是一片灰绿、凋零、荒疏、惨淡、萧条、宁静的景象。

冬季的景观比较缺少色彩，焦点应集中在常绿植物上。除此之外，也有一些其他美丽的颜色，如丰富多样的枝干颜色，有黑色、棕色、灰色、银色和白色；多刺而有光泽的枸骨叶冬青，蓝色针状叶的铺地柏；还有红色、蓝色、紫色或棕铜色的植物宿存果实；此时也有一些鲜艳的颜色，如柳属和梾木属植物的红瑞木枝干呈鲜红色和金黄色；悬钩子属的一些植物的枝干呈纯白色，都为冬天增添了不少乐趣。

常绿树种和斑叶树种搭配在一起可为冬季增色不少，但应注意不要将它们栽植得过于密集。

冬季，人们可以一览无余地观赏落叶乔灌木的枝干。桦木属植物、杨属植物的白色和银灰色的干皮最引人注目，色彩非常美丽；冬季整株植物落叶后，更能显现其干皮的魅力。常绿树种山桉丝绸般光滑，且呈现出具有光泽的乳白色的干皮。瑞雪过后，在草坪上，一株红瑞木会让人眼前一亮，成为视觉的焦点。

（二）光线与植物色彩

在进行植物配置时，要充分考虑光线变化对植物色彩的影响，使植物与外在环境完美结合、相互辉映，将景观装扮得更美丽，更富有情调。

随着一天时间的推移，光线也随之发生变化。黎明的色彩为朦胧的单色，素雅含蓄；清晨的色彩质感突出；中午的色彩真实，层次清晰；下午的色彩为柔和的暖色。

黎明的色彩为朦胧的单色，以淡淡的冷色调为主，素雅含蓄，而略显清冷。在晨光照射到的地方适宜种植暖色调的花卉。

中午的色彩层次清晰，多是黄、黄橘色强烈刺激的温暖感觉。选定比较暗的蓝色或紫色做主色调的时候，那里的阳光一定要充足，否则会过于沉闷或忧郁。

日落西山时阳光变成黄色，这时光线呈现出柔和的暖色。长长的花带沐浴在晚霞之中，显得更加明亮，在阳光下散发着暖暖的色调，增加了色彩的强度。

在夕阳照射到的区域，适宜种植黄色、橙色、红色等暖色调植物，它们会在晚霞中显得更加鲜艳，生机勃勃；相反在这些区域不适宜种植白色、蓝色或紫色等冷色调植物，因为他们会在晚霞中显得暗淡，缺乏生命活力。

太阳落下后，这时光线中蓝光成分逐渐增加，红光成分逐渐减少。

随着光线的变化，植物呈现的面貌也会随之改变。但不同植物色彩的夜景效果是不一样的。在月夜容易把红色看成是发黑的褐色，把白色看成是淡青色。白花明度强，在隐蔽处种植白色花可使阴暗的环境变得明亮起来，而且在晚上能闪闪发光。可利用这一点，在夜晚休闲娱乐的地方，如公园里、平台上、广场的种植钵中栽植白花或蓝色的矮牵牛、三色堇、风信子等，将其布置在夜晚人们经常活动的区域。

明暗给人不同的心理感受，明处开朗活泼，宜于活动；暗处幽静柔和，宜于休憩，植物斑驳的落影，可以形成独特的趣味。

三、园林植物色彩的设计和配置原则

（一）植物色彩的和谐原则

如果想要创造一种平静的环境，就要选择那些拥有更多共同特点的色彩。一般，人们所说的色彩协调就是指视觉的舒适，或者说是一种宁静的美感。将两个或两个以上的色彩有秩序、协调地组织起来，形成整体、统一的视觉效果的色彩搭配；把一种色彩中包含另一种色彩的成分，例如紫与红、红与橙、橙与黄、绿与蓝、蓝与紫等颜色，也就是说在色盘上相邻的色彩称为和谐的色彩。因此，色彩的调和关系也分为单一色协调、相邻色协调和对比色协调。

1.单一色协调

毫无疑问，植物世界的主色调就是绿色，在园林中绿色植物是应用最多的，如果配置不好，可能会显得单调。因此在使用单一色调时，为消除这种问题，人们通常借助植物的大小、姿态、质感或者色彩的明度和纯度等来达到理想的效果。

2.相邻色协调

这里有几种使用两种以上的色相来产生色彩协调的方法。其中之一就是把那些在色相环上彼此紧紧相邻的色相或者靠近的那些色相组合在一起。这就是所谓的相邻色协调，或者正如某些色彩学家所提到的类似色协调。类似色搭配在一起能让人感觉到宁静和清新；还有一种邻补色，如红色和黄色相配，能表现出色彩的丰富，能产生兴奋、节奏感。比如国旗和一些节庆日红色和黄色就运用得比较多，尤其是色块的运用；再比如用一品红和黄色的菊花组成的花坛、色块，让景观色彩变得丰富和饱满。

3. 对比色协调

不是单色或者相邻色才能产生协调的，在 12 色相环中，相对的色为对比色。它们的对立性促使对比双方的色相都更加鲜明，如紫色和黄色的对比，红色和绿色的对比，反而会有一种相辅相成的和谐。在传统的种植设计中用得较多的就是桃红柳绿，红花还要绿叶配，说的也是这个道理。不过这些色的对比是在面积大小上产生的，如果面积一样，就达不到效果了。

（二）植物色彩的对比原则

色彩间的某些特性差异可以引发人们极度的刺激与兴奋，或者至少引起对色彩构成的兴趣。把这些差异组合起来就是色彩对比现象。当两种或者两种以上的色彩同时出现就会产生明显的差别，这时，就产生了对比。人们对色彩对比的反应取决于头脑中对该色彩对比强弱效果的记忆。对比是艺术创作共通的重要手段之一，园林景观色彩设计也不例外。不同的色彩对比能让人产生不同的心理联想，根据色彩构成的三要素，可将其分为三类：色相对比、明度对比、彩度对比。

1. 色相对比

另一种人们可以马上感受到的色彩对比就是色相对比。如果选用的色相之间没有互补关系，那么它们在色相环上相距越远，效果就越明显。所用色彩纯度越高，这种对比效果就越强烈。另外一种增加色相对比效果的方法是用黑色与白色作为衬托。白色可以使其他的色彩显得更加丰满，而黑色则会让其他色彩更加明亮。

2. 明度对比

已知的最强烈的对比形式应该是明度对比，或者称为明暗对比。明度对比涉及明暗色彩共同作用时双方的相互作用。明度对比的效果强烈而且使用起来也很方便，所以可能是设计实践中应用最广泛的一种色彩对比。明度对比可分为低明度、中明度、高明度三类。低明度给人沉重、神秘、强壮、有力的感觉，中明度给人朴素、庄重的感觉，高明度给人轻快、纯洁、安静、柔软、明朗的感觉。明度对比在园林中应用广泛。在现代的园林景观中，建筑多为高明度基调，为了同周围环境取得协调，植物景观的色彩就作为高明度基调中的强调色而存在。这时，就可以把建筑作为背景，植物作为烘托，从明度、彩度上和建筑的色彩加以区别，为城市单调的色彩增添活跃的气氛。

3. 彩度对比

彩度对比即色彩的纯度对比，色彩的纯度对比主要涉及某种色相内部各种浓淡色彩的运用。和明度的划分一样，将不同色彩的彩度划分为低彩度、中彩度、高彩度三类。低彩度给人干净、明快、简洁的感觉，在园林景观色彩设计中普遍使用，比较容易控制取得良好的效果，不过搭配不好的话，容易导致单调和乏味，所以要适量加入彩度比较高的色相，形成层次丰富的对比；中彩度给人稳重、大气的感觉，园林植物色彩大部分属于中彩度和低彩度的，所以也比较好控制；高彩度则给人热闹、积极、活力、兴奋的感觉，能营造出非常有个性的景观色彩效果。当然要运用得当，否则会让人感觉过于喧闹而觉得俗气。

除了色彩的色相、明度、彩度对比外，还要考虑的是色彩的面积对比、冷暖对比和色彩的空间对比等多种类型对比。考虑到所有的因素之后，设计师才能更好地运用这些手法创造出更理想的园林空间。

（三）植物色彩与硬质景观的统一原则

长期存在园林界的争论，即关于园林中的重要元素。有些人认为植物是占主导地位的，另一些人则认为硬质景观是最主要的元素，而植物只是起到点缀的作用。而事实上，对于一个好的园林景观，这两个元素都是必不可少的。两者之间是要和谐统一的，建筑在一般情况下是园林风格的主要表现。而它的外部空间的塑造可以通过植物来表现，并与之产生呼应。一般小空间适合种植深色的植物，深色可以收缩空间，让人有远离的趋势；大空间则适合种植浅色的植物，扩大了空间的同时与场地也达到一种平衡，让人有靠近的趋势。另外，色彩的选用要根据场地的不同功能而变化，以达到协调统一的效果。

园林中的各种景观要素的连接和统一也是通过植物来调和的。例如道路、栏杆、建筑、墙体、雕塑、装饰小品、凉亭等；现在的硬质景观的材料种类特别广，颜色也丰富多样，各种各样的石材、金属、塑料、木材以及复合材料，还有可供选择的五彩斑斓的油漆和木材染色剂等。植物与其他园林材料搭配时，会体现出各自的特色。一些色彩浓重、引人注目的植物更能体现这一特点。例如浅色的高建筑边缘搭配浅色系的乔木，如水杉、樟树。

色彩明度较高的植物比较适合作为前景，中间适当地配置中明度或者低明度色彩的植物进行过渡。色彩的空气透视效果也要考虑，园林中充当背景的景观，如栏杆、墙面、绿篱等，应根据背景的色彩特性来配置植物。比如当背景是砖红色的暖色调墙面或者屋角时，前景应该适当配置冷色调的植物；当背景是冷色调的时候，前景则配置暖色调的植物；有时常绿的植物也会被当作背景使用，一般选择枝叶繁茂，颜色比较深的乔木或者灌木。这时，前景可以配置一些色彩比较亮的补色或者邻补色的开花植物。

硬质景观设计成功的准则是简洁和适当。在设计过程中，硬质材料的选择应该和园林的主题和环境的颜色、质感、风格相一致，并且材料的种类不宜过多。

（四）植物色彩因地制宜的原则

植物色彩种类虽然繁多，但是它毕竟不是人工可以调配出来的，不像产品那样可以通过化学调配得到任何一种随心所欲的色彩或者定期更改。不同的地区，不同的海拔对植物的要求都不一样；即使南方的植物非常丰富，也不是所有都能应用在北方的。但是有些经过培养也可以找到替代者，比如高原上的植物色彩艳丽，有部分植物已经可以在相对较低的海拔地区甚至平原上种植了。因此，根据相应条件，结合植物自身的特殊性和对环境的不同需求，引进推广外地园林植物，同时也应注重开发和应用乡土植物。

（五）园林植物色彩的色块原则

园林植物设计中的色块是指不同的色彩植物，包括灌木、草本花卉和一些低矮的木本花卉种植在一起组成的色带。运用艺术的手法，组成简洁大方，单纯明快，飘逸流畅的造型，给人以强烈的感染力，引起人们的审美情趣。用来组成色块的色带植物，主要是指观叶的彩色植物。在园林绿化中应根据不同的空间环境和立意主题来选择不同的色块类型进行设计。色块从空间上来看，可分为平面和立体色块；从取材来看，可分为灌木、草花和地被色块；从组织形式上来看，可分为自由式色块（单独色块）、规则式色块和综合式色块。常用到的植物有红花继木、红叶小檗、金叶女贞、小叶女贞、络石、变叶木、黄杨、红叶李、金丝梅、金丝桃等。

为了使园林构图效果达到最佳，充分体现色彩构图之美，就要了解色块的景观效果。色块的体量对整个园林的影响很大，甚至直接影响整个园林的对比和协调。在园林景观中，同一色相的不同大小的色块，给人的感觉和效果也不同。这在任何领域的色彩设计中都一样。一般面积大的色块宜用淡色，如草坪；小面积的色块宜用明艳一些的色彩，起到点缀的作用。互成对比的色块比较适合于近观，产生引人注目的景观效果。暖色系让人产生兴奋感，充满活力。这时就可以加入冷色系的植物加以对比，给人以平衡的感觉。一般城市的花坛和行道树，植物内容基本相同，色块安排以维持色块的平衡感为主；而公园里的草坪、河岸边等常以艳丽的花草来做景观。根据园林景观设计区域和目的不同，给人们打造不同的视觉感受。

色块可以有很多种排列形式来组成不同的园林风格。例如模纹花坛又称模样花坛或毛毡花坛，就是把不同的彩色植物按照一定的形式组成图案，或是以彩篱的形式来表现，这些都显示了不同的园林景致。模纹花坛一般运用于比较大的广场和公园，道路中央和机关单位等。从美学的角度来看，渐变的色块排列，能够使色彩在对比反复的韵律美中形成多样统一的和谐整体。另外，色块的集中与分散也是表现色彩效果的重要手段之一。一般集中则效果加重，分散则明显减弱。如花坛的单种集栽与花境中的多样散植，在景观效果上都迥然不同。当然，色块的大小、浓淡、排列、集散等在植物种植设计中，应首先考虑遵循植物配色理论、人们欣赏习惯和美学原理，这样才能使植物设计美不胜收。

四、色彩在园林植物景观设计中的应用策略

（一）色彩植物造景

1.色彩植物作为背景

色彩植物作背景时，可以增加景观层次，使轮廓清晰，主景突出、鲜明，植物的自然美与建筑、山石的人工美有机融合成一个整体。作为背景的植物材料大部分是采用深绿色的园林植物，以选用枝繁叶茂、叶色浓暗、常绿的观叶树木的效果最好。

根据背景的植物色彩特性进行合理配置。用绿色植物做背景，可以

保持前景与背景在颜色上的统一性，也可以利用背景颜色来影响前景中植物的配置效果。在绿色背景前面，可以点缀一些开白色、粉红色、黄色等明亮色的草花。

需注意的是，处在道路转弯处或交叉口的植物配置要起到标志和引导作用。一般配置混合树丛时，多以常绿树做背景，前景配以浅色灌木或彩色叶树及鲜艳地被植物等，以起到很好的标志和引导作用。

2.色彩植物作为主景

在植物配置中常将彩色植物作为主景观赏。如入口处对植银杏，草坪中孤植红枫，广场上的花坛和道路旁花境中片植艳丽的花卉，山地上林植乌桕、枫香，水边列植水杉、桃树等，都可突出主景色彩，引人注目。

在植物色彩配置时，常利用色彩植物的明视性、诱目性及其色彩的感染力，多在公园出入口、道路尽头、园路转折处、登山道口等处设置色彩亮丽的植物。它们标志性强，能够吸引视线，引导人流。

色彩植物做主景的方式主要有两种：一是少量点缀，即在基调色的基础上适当点缀对比色，达到以少胜多的效果；二是成片涂抹，即把花卉、花灌木或者其他各色植物作为色彩的载体，在背景色上大片栽植，就像颜料在画布上一样成片挥洒。

注意多种单株花木的混合栽植，在总体上仅呈现局部的星点般的彩色，起不到树丛全局和远距离的观赏效果。在较大面积的树群中，花木种类可以适当多用一些，呈现万紫千红、五色缤纷的景观，但注意色彩植物的种类最好不要超过七种。

3.色彩植物作为配景

如果在植物的景观设计中对观赏效果没有特殊要求，色叶植物或者观花植物的颜色常常作为点缀色而出现。

在植物色彩搭配中，可根据造景的需要选择统一和谐的或者对比突出的色彩作为陪衬。在相近层次的色调中，当需要突出不同花色时，应选用色度相差大或成对比色、互补色的植物，来突出植物群落的色彩效果。

（二）色彩植物与其他园林要素搭配

1.色彩植物与水体

淡绿透明的水色，是调和各种园林景物色彩的底色。植物色彩倒映到水中，清晰透彻，景观活泼又醒目。

水边植物的片植需考虑整体色彩构图。淡绿透明的水色与各种树木的绿色是调和的，但比较单一，所以可以用一些明快的色彩搭配构图，也可选择片植花卉作为前景色，在颜色上打破单调，增加亮丽的色彩，但必须服从整个水面空间立意的要求。

在植物色彩配置中，植物起到点缀、对比和丰富的作用，所以选择时要注意植物本身色彩和整体水景和谐，要从水景的基调色出发。河道两侧绿化背景常以绿色为主，形成绿带，不宜大面积栽植红、黄等颜色鲜艳的植物，宜选用米黄色等浅色花卉，如水生鸢尾、玉带草等。

2.色彩植物与建筑

植物与建筑物的组合是自然美与人工美的结合。建筑物线条一般比较生硬，而植物有着丰富的自然色彩以及优美的姿态和风韵。通过植物在建筑物的门、墙、角隅等地方进行合理搭配，可以增添建筑的美感，使建筑与周围环境更加协调。

通常情况下，在砖红色的墙根或屋角布置植物时，适宜种植冷色调的植物，如配置成丛的白色珍珠花或开黄花的连翘、迎春等花灌木，就更加鲜明活泼。在灰白色墙和青砖墙前适宜种植红色、橙色等暖色调植物，显得更加鲜艳，如红枫、碧桃、榆叶梅、紫荆等；反之，用蓝色、紫色效果就不好。

一般的建筑向阳面适用冷色花木，而背阴面可用暖色花木。在南方气温高，建筑多用冷色系花木搭配；而北方气温低，多用暖色系植物配置为宜，但要视建筑外观及颜色的具体情况而定。

总之利用植物色彩来美化建筑时，要进行合理的搭配，使之色彩丰富而不紊乱，与建筑自然协调。

（三）色彩植物与景石

景石相对植物来说质朴厚重，颜色多为灰、黑色的中性色，少量有黄色和红色的暖色调，用植物色彩可以柔化石头冰冷的质感，应用时既可以采用暖色系植物也可以采用冷色系植物进行搭配。

（四）色彩植物与环境背景色

通常情况下，色彩不能以个体单独存在。当人们观察物体颜色时，就会不自觉地与周围的环境相比较；环境色会对其产生一定的影响，从而体现出对比关系。

植物配置的颜色选择一定要考虑环境背景颜色，背景可以是天空、水体、山石、建筑等；但要注意与背景的颜色搭配和谐，尽量不要让背景色喧宾夺主，否则被衬托的植物主体颜色就会不突出。

只有恰当地利用背景色才能突显出植物色彩的效果。设计时，注意选用的植物色彩与背景色要有较大的色调和色度上的差异，以形成鲜明的对比。背景暗时，亮的颜色更亮；背景亮时，暗的颜色更暗。

第六章 环境艺术设计与材料、技术之美

第一节　软装饰材料在室内环境设计中的艺术价值

一、软装饰材料简介

软装饰材料是指在室内装修时能够灵活更改、随便变动位置的家具和装饰物，包括橱柜、艺术品等。这些装饰物可以实现在日常生活中的二次摆放的功能。由此可知，软装饰就是利用在装修过程中可以随意变动的软装饰材料，在装修完成之后进行的再次摆放。软装饰能够允许房间主人在更大程度上根据房间空间的大小、经济承受能力以及房屋主人的个人兴趣、性格以及审美观等进行自主装饰，以体现个人和居住环境的独特之处。软装饰材料不仅在初次装修过程中具有简便的特点，而且在之后的保养、清洁以及二次装饰过程中依然具有简单、移动方便的特点。同时，软装饰材料还具有很大的艺术附加价值，它本身就具有很强的艺术气息和美观价值，在这些材料长时间使用之后只要简单地移动位置或者简单修饰之后仍能体现出焕然一新的美感。

二、主要的软装饰材料

（一）纺织品

室内环境设计时涉及的纺织物主要有窗帘、沙发罩、地毯以及墙布等，这些纺织品在花纹、肌理以及花纹等方面具有天然的优势，能够在视觉、触觉等方面给人以温馨、舒适的感觉。因此，纺织品在室内环境设计中占据重要的地位，而且使用的频率也相当的高。

（二）绿化物

环境污染问题的突出使人们对居住环境的绿化提出了更高的要求。室内绿化物主要指绿色植物。这些绿化物不仅能改善居住环境，还能为室内环境增添浪漫气息。

（三）艺术品

艺术品在室内环境设计中的应用主要取决于房屋主人的个人兴趣、风格以及房屋的用途，常见的装饰艺术品包括字画、雕塑品、工艺品等。在室内环境设计中使用的艺术品在其价值上并没有特别的要求，主要强调艺术品的风格与房屋整体设计风格的一致性。

三、软装饰材料在室内环境艺术设计中的主要材料与特征

软装饰材料在室内环境艺术设计中得到广泛的应用，并在提升室内家居环境的艺术氛围中发挥重要作用。主要的软装饰材料为室内纺织品。也就是人们俗称的布艺、字画、软包、陈设工艺品等。其中，室内纺织品作为一种典型的软装饰材料，在优化环境艺术空间，提高室内空间的颜色搭配和空间搭配方面具有重要意义。室内纺织品作为软装饰材料可以根据居住者的性格和喜欢进行颜色图案的优化搭配，提升了室内空间艺术效果，从很大程度上改善了室内环境艺术设计的质量。字画作为一种常用的古典风软装饰材料，将中国传统风格应用于室内环境艺术设计中。字画包括山水画、动物画、人物画等，能突出展示主人的艺术文化修养。在室内环境艺术设计中，需要着重重视字画的装饰作用和装饰效果。在增加空间艺术美感的同时，避免画蛇添足。室内绿化也是软装饰材料中的重要组成部分。在室内空间艺术设计中，通过室内绿化进行空间绿色植物的搭配，采用一些带有很强自然元素的装饰，比如绿色植物、花卉等，提升室内空间软装饰材料的艺术表达气息。另外，工艺品陈设

以及光影作用也在软装饰中占据了重要的地位，在室内环境艺术设计中，通过合理的灯光调节来有效地装饰室内的艺术环境，结合家具、餐具和家电的灯光效果，提高室内环境的艺术观赏性和空间搭配能力。

四、软装饰材料在环境艺术设计中应用的优点

（一）美化空间，改善环境

装饰材料最主要的功能就是装饰作用。人们对居住环境产生不同的需求都是想要提高生活质量，希望居住环境更加完美。无论是硬装修还是软装饰，人们的目的只有一个，那就是享受生活，为生活营造宁静和谐的环境。软装饰材料的应用为了满足消费者的更高需求带来了新的发展空间通过对软装饰材料的使用来增加环境艺术设计的美感。丰富的软装饰材料弥补了人们视觉上的舒适感，多彩多样的墙面装饰物增加生活氛围，将空间完美利用，实现空间的美化。在空间中放置部分绿色植物可以更好地调节温度和湿度，净化空气，改善物理条件。

（二）分割空间，调节色彩

传统装修形式主要是为了保护居住者的隐私，实现空间利用最大化，如果是将空间进行分割的话一般会采用类似屏风的形式。但是在现代软装饰中，达到分割空间的目的可以利用半透明的窗帘、帷幔等软装饰材料，根据空间功能的不同，可以选择不同的材料将空间进行分隔。这种形式不但能够保持空间的宽敞和通透，还可以实现空间的多功能性，将空间更加高效地利用起来。因为软装饰材料轻便灵活的特点，居住者可以根据需要随意改变空间。软装饰材料最大的特点是色彩比较丰富，通过各种色彩可以调节居室的色彩，光线比较强时可以利用反射率比较低的材料，光线比较暗时则可以利用反射率比较高的材料，运用这种手段调节光线更加灵活。

（三）丰富空间层次

传统装修硬装中存在一定的装修弊端，为了实现装修行业的完善，提高装修效果，在环境艺术设计中提高对软装饰材料的运用。比如说为了改善空间的相互关系，可以充分利用地毯和沙发等软装饰材料进行协调，增加空间的柔软感。而设计中对窗帘的使用可以调整窗户的位置和大小，在如何实现空间的完美搭配以达到空间的最大利用，在现代环境艺术设计中软装饰材料的运用中具有重要作用。空间比较小的环境中可以利用图案小、纹理细密的纺织材料，光线比较暗的空间中则可以使用比较明亮的纺织材料增强环境亮度；，而软装饰材料的运用可以将空间进行完美分隔和实际，实现空间的层次感。

（四）丰富氛围，体现居住者性格特点

软装饰材料的选择对环境艺术设计具有重要影响。不同的软装饰材料可以营造出不同的风格和特点；再加上软装饰材料品种丰富，功能多样，所以不同的人也会选择不同的软装材料。一个设计环境中，通过分析居住者的设计风格以及对软装饰材料的选择可以了解主人的性格特点，不同性质的软装饰材料可以表现出主人的性格和兴趣特征，对软装饰材料在美化空间的同时，还可以体现主人的追求。比如说选择柔软布料的人性格比较随和，使用色彩明快布料的人性格积极，使用方正曲直材料的人性格刚直；装饰材料中的图案也可以展现一个人的性格，有的人为了表达美好的愿望会使用鱼的造型，有的人比较喜欢文化就会选择名人字画等。所以说软装饰材料在现代社会中的广泛应用具有重要意义，不仅美化环境，还能起到展示品位的作用。

五、软装饰材料在室内环境设计中应用的原则

（一）联想原则

通过联想，人们可以根据看见的事物回忆起曾经接触过的事物。这

些事物均与现有事物存在一定的关联，相关或者相反。联想扩展了人们的想象空间，发散人们的审美思维。比如，如果卧室的软装饰选择了鲜艳的红色，并摆放卡通配件，搭配绿色盆栽，整体风格偏向于非洲风，人们置身于其中，会感受到活力四射的气息。因此，客观存在的事物与合适的搭配相结合，会营造出不同的居住氛围。

（二）单纯风格原则

可以通过素色搭配，实现室内环境设计，营造出返璞归真的效果。人们置身于这样的室内环境，会感觉到身心舒畅，情绪亦会较为稳定。比如，医院整体室内环境设计以白色、蓝色为主，给病人营造了一个舒缓纯净的氛围。

（三）统一与变化原则

软装饰常与家具进行呼应，两者形成互相衬托的组合结构。不同类型的家具所匹配的软装饰材料大小不一、颜色各异，共同营造室内和谐的居住环境，展现不同居住者的生活格调。为使整体室内风格达到一致状态，尽量选择成套的家具，使得室内环境颜色以及整体韵味一致，为更好运用软装饰材料奠定基础。

（四）重点突出原则

软装饰材料搭配要体现出主次之间的区别，强调层次感。比如，一束鲜花中，绿叶虽然始终处于陪衬的位置，但却是不可或缺的。绿叶的存在更加衬托出鲜花的娇美。因此，强调出软装饰搭配的重点，更能抓住人们的目光。否则，房间内搭配混乱，会给人杂乱无章的感觉，毫无美感可言，软装饰的存在价值亦无从体现。

六、软装饰材料在室内环境艺术设计中的要素分析

软装饰材料在室内环境艺术设计中的要素主要体现在尺度、色彩、

材料特性等方面。

（一）尺度

所谓软装饰材料在室内环境艺术设计中的尺度问题，就是分析装饰材料的大小、长短以及摆放地点的搭配问题。根据材料的艺术表达效果，进行尺度搭配，对不同尺度的软装饰材料进行空间配置，通过合理的布局和精美的环境布置，保证软装饰材料在提升环境美感方面的效果。

（二）色彩

色彩是软装饰材料应用的核心之一，软装饰材料在室内环境艺术设计中颜色要素主要体现为色相、纯度、明度。好的色彩搭配能提升软装饰材料在室内环境设计中的艺术表达能力。例如，色彩波长的物理属性给人眼观感带来视觉的冲击；蓝色、灰色等明度较低的颜色，应用在软装饰材料中，能提升室内环境空间的温和效果；黄色、橘黄色和类似明度较高的颜色，能展示室内环境空间的视觉冲击力。

（三）材料特性

软装饰材料的材料特性是决定室内环境艺术设计的重要元素。不同的材料设计的软装饰材料在室内环境空间艺术设计中具有柔化空间、分割空间以及丰富层次空间的效果。柔软的布艺装饰材料给人以温暖的感觉，而层次各异的字画软装饰材料能提升室内环境空间的艺术气息和文化氛围。采用帘幕、屏风这类软装饰材料来分隔空间能提高室内环境空间的隐私性，而窗帘等软装饰材料能提高室内环境空间的视觉感官和层次感。不同材料属性的软装饰材料对室内环境艺术设计的效果是不一样的。根据用户的需求，在进行室内环境软装饰材料的配置时，应体现室内环境的大方、朴素、清新的气息，从而按照视觉审美规律进行排列，合理选择软装饰材料产品，实现室内环境的艺术设计创新。

七、软装饰材料在室内环境艺术设计中的发展前景

由于软装饰材料具有诸多有利功能，所以软装饰材料在室内环境艺术设计中越来越受到重视，软装饰材料在现代室内设计中非常常见。在未来的软装饰材料应用中，需要从绿色生态化、统一多样化和人性化等角度出发，将软装饰材料有效应用在室内环境艺术设计中。

（一）绿色生态化

绿色生态化是未来室内装饰和建筑发展的核心主题。将软装饰材料应用在室内空间环境设计中，要注意环保性和生态性，避免过渡装饰导致的资源浪费和污染；在保证室内环境设计生态化的同时，强调装饰的绿色化和生态化，要保证采用的材质简单，且具有很强的观赏性。

（二）统一多样化

装饰室内环境艺术设计是多样化的，软装饰材料也有多样性，因此在室内空间艺术设计中，要注意实现价值的统一。遵循多样化和风格化的原则的同时，考虑空间、形体与色彩之间的关系，采用不同的软装饰物对室内空间进行营造的同时，还要重视舒适和自然的统一。建立室内环境艺术设计中的空间、形体与色彩的和谐统一，避免装饰过度导致的杂乱无章。软装饰的艺术设计不是单纯地罗列一系列的元素，而是将室内环境艺术设计统一于美与和谐的艺术价值中，将各种装饰统一于人们的家居生活的美化体验中。

（三）人性化

人性化是软装饰材料应用于室内环境装饰设计中的核心元素。软装饰在室内环境艺术设计中应用时，必须遵循的一个原则就是人性化。选用的装饰品颜色尽量满足人性化设计的要求。在装饰设计中，要合理地搭配色调和材料，在颜色方面能够协调的搭配才能美化整体的家居环境；

软装饰在室内环境艺术设计中需要将庄重和典雅的特点体现出来，体现人性化的装饰设计需求，营造出一种温馨和谐的装饰空间；在环境艺术空间设计中，需要开始重视个人的需求，通过软装饰材料进行色彩和颜色图案的合理搭配，将舒适和美观呈现出来。

第二节　虚拟现实技术在环境艺术设计中的应用

一、虚拟现实技术概述

（一）虚拟现实技术的含义

虚拟现实（VR），早期译为"灵境"，是多媒体技术的终极应用形式。它是计算机软硬件技术、传感技术、机器人技术、人工智能及行为心理学等科学领域飞速发展的结晶。它主要依赖于三维实时图形显示的定位跟踪、触觉及嗅觉传感技术、人工智能技术、高速计算与并行计算技术以及人的行为学研究等多项关键技术的发展。

人们戴上立体眼镜、数据手套等特制的传感设备，面对一种三维的模拟现实，仿佛置身于一个逼真的视觉、听觉、触觉甚至嗅觉的感觉世界；并且人与这个环境可以通过人的自然技能和相应的设施进行信息交互。

虚拟现实技术概念有三个关键点：

1.逼真

虚拟实体是利用计算机来生成的一个逼真的实体。"逼真"就是要实现三维的视觉、听觉，甚至包括三维的触感、嗅觉等。

2.自然技能

用户可以通过人的自然技能与这个环境交互。这些技能可以是人的头部转动、眼动、手势或其他身体动作。

3.交互

虚拟现实往往要借助于一些三维传感设备来完成交互动作。常用的设备有头盔立体显示器、数据手套、数据服装、三维鼠标等。

目前，全世界的科技工作者都在为虚拟现实进行着艰苦的努力。

（二）虚拟现实的本质特征

虚拟现实具有三个最突出的特征，也是人们熟知的 VR 的三个特性：沉浸感、交互性和构想性。

1.沉浸感

沉浸感又称临场感，是虚拟现实最重要的技术特征，是指用户借助交互设备和自身感知觉系统，置身于虚拟环境中的真实程度。理想的虚拟环境应该使用户难以分辨真假，使用户全身心地投入计算机创建的三维虚拟环境中。在现实世界中，人们通过眼睛耳朵、手指等器官来实现感知。在理想的状态下，虚拟现实技术应该具有一切人所具有的感知功能，即虚拟的沉浸感不仅能通过人的视觉和听觉感知，还可以通过嗅觉和触觉等去感受。在提出了视觉沉浸、听觉沉浸、触觉沉浸和嗅觉沉浸等后，也就对相关设备提出了更高的要求。例如视觉显示设备需具备分辨率高、画面刷新频率快的特点，并提供具有双目视差，覆盖人眼可视的整个视场的立体图像；听觉设备能够模拟自然声、碰撞声，并能根据人耳的机理提供判别声音方位的立体声；触觉设备能够让用户体验抓握等操作的感觉，并能够提供力反馈，让用户感受到力的大小、方向等。

2.交互性

交互性是指用户通过专门的输入和输出设备，用人类的自然感知对虚拟环境内物体的可操作程度和从环境得到反馈的自然程度。虚拟现实系统强调人与虚拟世界间以近乎自然的方式进行交互，即用户不通过传统设备（键盘和鼠标等）和传感设备（特殊头盔、数据手套等）进行交互。例如，用户可以用手去直接抓取虚拟环境中虚拟的物体，不仅有握着东西的感觉，并能感觉物体的重量，视场中被抓的物体也能立刻随着手的移动而移动。

3. 构想性

构想性又称创造性，是虚拟世界的起点。想象力使设计者构思和设计虚拟世界并体现设计者的创造思想。虚拟现实系统是设计者借助虚拟现实技术，发挥其想象力和创造力而设计的。比如在建造一座现代化的桥梁之前，设计师要对其结构做细致的构思；传统的方法是极少数内行人花费大量的时间和精力去设计许多量化的图纸，而现在采用虚拟现实技术进行仿真，设计者的思想能够以完整的桥梁形态呈现出来，简明生动，一目了然。因此有些学者称虚拟现实为放大或夸大人们心灵的工具，或人工现实（Artificial Reality），即虚拟现实的想象性。

综上所述，虚拟现实的三个特性——沉浸感、交互性、构想性，生动地说明虚拟现实不仅是对三维空间和一维时间的仿真，而且是对自然交互方式的虚拟。具有上述三个特性的完整虚拟现实系统不仅让人身体上完全沉浸，而且精神上也是完全投入其中。

二、虚拟现实技术在环境艺术设计中的应用优势

（一）打造了可交互立体空间

在环境艺术设计过程中，最关键的问题就是设计人员和用户之间发生脱节。在传统设计模式中，由于环境艺术设计对专业技术要求较高，所以很多用户无法全面了解设计方案。同时，用户提出的设计方案很有可能会因为表述不清导致用户实际需求无法得到满足。这也就意味着在传统环

境设计模式下，设计人员与用户之间存在着一定的交流障碍，进而导致设计结果无法满足预期需求，实际应用价值方面并不理想。但是，在虚拟现实技术应用之后，环境艺术设计方案可以转换成具有可交互功能的三维图像，用户能够身临其中感受实际效果，将不足之处指出并及时修改。这样就可以确保用户与设计人员之间的沟通效率大幅度提升，环境艺术设计方案也能够满足用户艺术需求，提高了环境艺术设计方案的可实践价值。

（二）为环境艺术设计创造三维环境

环境艺术在实际设计过程中，主要通过艺术设计的方式对建筑室内外环境进行整合设计。设计内容必须开展立体化思考。而虚拟现实技术在环境艺术设计中的应用，能够对三维环境进行模拟，让设计人员能够直接开展设计，提高了整体设计效率与质量。

（三）打破时间与空间因素限制

以往的环境艺术设计并不能具备真正意义上的自由，通常都是在特定时间和空间条件下，才能够确保设计人员获得理想设计效果。如果时间与空间条件存在偏差，设计效果也会受到严重影响。虚拟现实技术可以让环境艺术设计打破时间与空间约束，利用计算机系统严格控制时间与空间这两方面要素，在掌控虚拟环境参数变量的基础上，设计人员可以真实还原对应的活动场景，从而节省了大量的时间和精力，优化了环境艺术设计整体效果。

（四）增强设计双方互动性

在环境艺术设计方案汇报阶段，虚拟现实技术表现出了独特的优势，与传统表现形式相比，在设计表达与客户交流方面都表现出了较强的互动性。能够将用户代入到虚拟环境当中，从而对环境艺术具体设计部位与不同元素设计之间的关联性进行考察，进而了解整个虚拟现实空间的使用率，让客户能够真切感受到方案演示所要传达的信息。另外，客户

197

还可以与设计师展开交流和探讨，这也是传统电脑效果图所无法比拟的，也是很多客户最喜欢的演示形式。通过虚拟现实技术自身的特点，还可以将环境艺术设计方案转变成可交互的三维图像，用户可以产生一种置身其中的感觉，从而感受实际设计效果，将不足之处及时提出进行修改，提高了环境艺术设计方案的实践价值。比如体验者在虚拟环境当中能够伸手去触碰环境中的物品并获得真实的触感；在移动物品的时候，也能够清楚感受到物品重量。物体还可以随着体验者的移动而变换位置，从而使用户可情景之间形成了一种交互体验的关系，用户因此也获得了身临其境的感受。

（五）更适用于配景展现

将虚拟现实技术应用在环境艺术设计中，除了主景设计之外，配景设计也是一项十分重要的内容，像植物和人物场景都具有烘托氛围的作用。采用传统效果图无法直接完成操作漫游，但是利用虚拟现实技术则可以还原历史场景和历史人物等相关景象，使它们可以更好地融入环境艺术设计展示过程中。

三、虚拟现实技术在环境艺术设计中的应用内容

（一）艺术设计展现

通常情况下，传统环境艺术作品展现形式为手绘效果图和电脑效果图。而利用虚拟现实技术可以构建出三维室内空间，场景能够表现得更加逼真，能够在三维空间中自由行走，从而对空间内的物体进行操作，让感官体验变得更加真实。从目前应用情况来看，将虚拟现实技术应用在室内空间设计中，能够呈现出全景优势，从而获取用户的一致好评。

（二）直观展示设计效果

在城市化建设进程不断深入的背景下，我国环境艺术设计也迎来了

全新的发展空间与机遇。而将虚拟现实技术应用在环境艺术设计中，能够使人们对生活环境提出更高的要求并得到满足。与传统设计展示形式不同，虚拟现实技术构建了三维环境，融汇了视觉与听觉等感官，引起了用户的注意，刺激了用户的感官；能够在较短的时间内为用户留下深刻印象。

（三）互动性设计

虚拟现实技术可以应用在装修体系当中，在虚拟环境中可以更换底板、墙体和颜色，移动家具的具体位置，进行墙面装饰。用户可以通过真实世界当中的动作，在虚拟环境中查看到相应的三维立体图像，用手去操作虚拟物体。然而，为了能够与虚拟世界展开更好的交互，精准捕捉人体运动是重要的前提条件。除此之外，虚拟现实技术还可以凭借先进的电子信息技术，让双方在加强交流时效的同时，将技术问题在虚拟空间中呈现出来，以便于设计人员进行不断改进和优化；避免后期施工出现资源浪费问题，节省时间与成本。

四、环境艺术设计中的虚拟现实技术

（一）数据分析软件应用

在环境艺术设计过程中，设计人员需要利用分析软件来了解交通、成本与客流量等因素的影响，针对光线强度等各方面要素展开综合分析。但这会产生十分庞大的工作量。而应用数据分析软件之后，能够有效提高效率与精准性，利用软件计算出相关数据，进而在海量的信息数据中完成统计，确保数据分析工作能够在环境艺术设计中发挥出重要作用。在此基础上，还可以利用遥感影像技术，对建筑和地形等关键位置，立体化地呈现出其内部结构，确保设计人员可以在三维空间中了解各个部分的设计效果，将植被规划与面积清晰呈现出来，使植被可以得到科学合理的应用。除此之外，还可以利用相关软件来分析数据，对整体规划方案进行调整，全方位了解景观热效应，从而促进生态文明建设效率稳定提升。数据分析流程如图 6-1 所示。

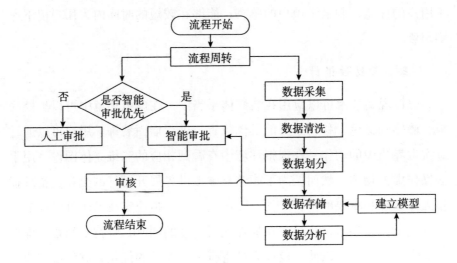

图 6-1　虚拟现实技术数据分析流程

（二）Photoshop 技术应用

Photoshop 简称为 PS 技术，是一款功能十分完善的图形编辑软件，技术操作水平非常高。在环境艺术设计中应用 PS 技术，可以让设计人员对图形和光影进行处理，在虚拟化环境中调节光线强度和形状，对光照的变化情况进行实时模拟，对不同环境中的光线照射角度进行画面渲染。并且设计人员还可以利用矢量图与选取技术等相关操作，对插画创作进行合理处理，调整室内环境中的颜色和色调，转换文字图层，让底板颜色能够与室内整体颜色保持协调性，获取最理想的饱和度，从而在滤镜处理过程中加强环境艺术设计的颜色设计效果。

（三）辅助软件应用

第一，借助 AutoCAD 软件制图功能，将虚拟化图像具体内容呈现出来。用户可以通过屏幕了解设计图像的各项信息，从而根据个人需求来调整环境艺术设计方案，并针对其中存在的缺陷问题进行调整。

第二，在虚拟环境中进行适当调整，在客户满意之后完成实物修改，进而为艺术创作提供范本，避免不必要的资源浪费问题出现。在此过程中，设计人员可以利用 AutoCAD 软件为用户设计更加理想的居住环境，帮助使用者了解建筑风格和环境气氛。

第三，要结合用户的具体要求对主体结构尺寸和进深等相关数据进行修改，对墙体、门层颜色和地板颜色等要素进行合理优化，利用剪修功能能绘制出楼梯，将家具和图框融入图形当中，便于图块进行修改，提高绘图制作的灵活性。虚拟现实系统的主要构成如图 6-2 所示。

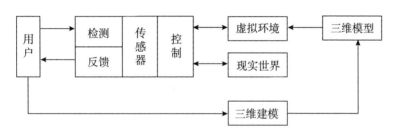

图 6-2　虚拟现实系统构成

五、虚拟现实技术在环境艺术设计中的应用策略

（一）更新环境艺术设计理念

在环境艺术设计工作具体开展之前，先是要确定环境艺术设计的基本理念，将其应用在整个设计流程当中。而虚拟现实技术是现代化社会的新兴科技产物，要想将虚拟现实技术的优势在环境艺术设计中充分体现出来，设计人员就必须改变传统设计理念，利用互联网思维来规划虚拟现实技术。在此期间，要加大虚拟现实技术的重视力度，充分考虑用户的设计需求，选择虚拟现实技术能够营造出的艺术场景。通常情况下，

在施工图纸设计阶段，要对环境整体布局进行调整，使虚拟现实技术能够发挥出良好的辅助效果，满足环境设计氛围需求。在此基础上，还要利用虚拟现实技术强化设计作品，为人们带来更加强烈的视觉冲击，为用户留下更加深刻的观感体验。除此之外，设计人员在环境艺术设计方案制定过程中，还要利用虚拟现实技术，加强人和物之间的互动性，使用户可以获得更加良好的思想情感体验，从而对环境艺术设计的内涵进行积极思考。充分考量用户的设计想法，满足他们艺术性观赏需求，通过虚拟现实技术在设计之前为用户提供多样化的设计方案，从而结合用户自身的想法和意见，对设计环境进行合理调整。

（二）丰富环境艺术设计手段

传统的环境艺术设计方法较为单一。为了能够将虚拟现实技术的实际应用价值凸显出来，丰富环境艺术气息，必须采用多样化的艺术设计手段，加强场景展示的真实性。从整体设计流程角度来看，在环境艺术设计方案制定中，可以利用网络技术来制定出环境设计模型，将最终成果利用虚拟现实技术表达出来。同时，在互联网交互平台中，还可以收集不同用户的看法和意见，对已经设计好的施工图纸进行调整，从而在有效利用数字化技术的基础上，在计算机系统内部输入环境三维参数，确保虚拟现实场景最能够与真实环境保持一致。还可以组织全体员工参与到虚拟场景感官体验活动中，使他们能够彼此之间展开交流，获得更加良好的艺术反馈，能够结合现场数据内容对技术进行转换，在虚拟现实技术创造的设计模型中，标定具体数据参数，将最终设计成果和用户设计要求进行对比，利用 3D 场景呈现技术、云计算技术与大数据技术，呈现出多元化的环境艺术设计风格。在现有的空间格局内创造出更具创意的风格，设计人员也能够获得更加真实的设计灵感，向客户呈现出虚拟环境艺术模型，积极采纳客户的意见，在帮助客户了解环境艺术设计过程中呈现出各个设计阶段的细节。另外，还可以与用户之间保持良好交流关系。此时遥感影像技术的应用，能够对多种设计要素进行搭配，对环境艺术设计进行合理规划。虚拟现实技术在环境艺术设计中的应用类型如图 6-3 所示。

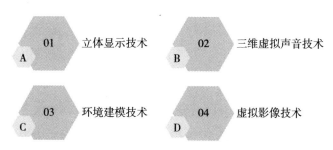

图 6-3 虚拟现实技术在环境艺术设计中的应用类型

（三）优化艺术设计流程

虚拟现实技术是互联网时代发展背景下一种十分先进的科学技术手段，要想将其高效应用在环境艺术设计中，就必须对传统设计理念进行创新。利用多样化的艺术设计方法，配合虚拟现实技术的应用经验，将优秀发展成果应用在环境艺术设计流程中。并且，为了促进环境艺术设计能够得到创新发展，还需要在设计方案制定过程中，利用虚拟现实技术呈现出虚拟化方案内容，将呈现效果和用户需求进行对比，对设计方案技术调整。另外，在环境艺术设计流程中，还要对设计场景进行高度还原，对施工环节进行具体规划，从而将虚拟现实技术应用在环境艺术设计验收阶段，为用户展示更多的设计细节，提高用户的满意程度。

第三节　新媒体艺术在环境艺术设计中的应用

一、新媒体艺术概述

新媒体艺术是现代社会以数字技术为载体的新型艺术方式，传播的方式以及媒介均是通过"光学"实现的，并以电子介质为通用语言。新媒体艺术不同于视觉艺术、行为艺术以及装置艺术等，新媒体艺术从本质上来说是一种数码艺术，是通过计算机的图像处理软件来实现艺术的效果。新媒体艺术是建立在电脑、数字技术、摄影等现代先进技术的基础上产生的艺术类型，因此，新媒体艺术具有较强的时代性和创新性。在我国鼓励创新、大力发展科学技术的背景下，新媒体艺术也获得了飞速的发展，并逐渐扩散到各个艺术行业领域中，促进了艺术设计行业的不断进步。

二、新媒体艺术应用于环境艺术设计中的意义

新媒体艺术的加入使得环境艺术设计专业找到了一条新的发展道路，借助新媒体艺术中的先进技术和先进理念使得环境艺术设计专业产生了一系列较为明显的变化。首先，在表现环境艺术时不再局限于枯燥的表达，而是突破现有的束缚找到了一条新的发展方向，主要体现在设计思想、设计效率等方面都能够与当前快速发展的社会所适应。其次，借助新媒体艺术的优势对相关设计师的创作也产生了不同程度的影响，设计师们开始大胆尝试不同的设计风格，虽然很多风格并未得到人们的理解，但这却是设计过程中的一大进步，帮助设计师们找到不同的设计灵感。新媒体艺术的加入改变了之前的设计现状，利用新媒体技术能够帮助设

计师将自己的灵感变成现实，为之后设计工作打下坚实的基础。虽然就当前来说，两者的结合并不是太成熟，但是相信在未来一定能够取得更成熟的结果，这便是新媒体艺术对环境艺术设计的意义所在。

三、新媒体艺术在环境艺术设计中的应用

环境艺术设计专业不同于新媒体专业或者其他学科，这是一门极其复杂的学科，其内容涉及诸多层面，能够对不同领域产生不同程度的影响，并与人们的生活息息相关。通俗来讲，环境艺术设计专业就是绿色的艺术和科学，它能够创造持久及和谐，其包括的内容是五花八门的，例如城市规划、园林设计等专业。环境艺术设计专业与人们的生活、工作等内容息息相关，并能够对我国未来发展产生一定的影响，所以从事环境艺术设计是一件极有意义的事情。新媒体艺术与环境艺术设计相结合能够碰撞出激烈的火花，在促进各自发展的基础之下实现"双赢"。

（一）科学技术发展推动新媒体艺术应用于环境艺术设计中

在科学技术快速发展的驱动之下，新媒体艺术开始尝试应用于环境艺术设计中，在这个过程中机遇和挑战并存。对环境艺术设计来说，需要打破传统的思维方式，更新自己的固有想法和工作方式，以全新的面貌迎接未来的调整。对环境艺术设计的从业者来说，需要提高个人的工作标准和工作要求，及时更新自己的知识储备，以更加积极的态度迎接挑战。为了提高个人的工作效率，需要对各种绘图软件进行熟练操作，不仅仅是 PS，还包括 3D MAX、AutoCAD 等软件，这些软件都是环境艺术设计师在开展工作时所必备的制图软件。每个软件都有着各自的功能，比如当涉及数字图像处理时需要选择 PS；设计施工图或者识别时则需要利用 CAD。对制图软件的选择考验设计师的整体能力，需要根据不同的制图需求选择最合适的软件和方式，这对相关从业者提出了更加严格的要求和工作标准，确保在实际工作中能够熟练应用科学技术，创造

出更具特色和风格的作品。

（二）环境艺术设计与新媒体艺术协同发展

环境艺术设计和新媒体艺术并不是独立存在的，两者是相互促进的。科学技术的发展和进步推动了我国社会经济的发展，经济的繁荣发展之下必然会使得各种产业和活动纷纷涌现，这样一来就为新媒体艺术的出现和更好发展打下了坚实基础。基于此，为了能够使新媒体艺术更好地发展，环境艺术设计从业者就需要有针对性地进行调整和创新。通过改革技术和创新思维带来活力，促进新媒体艺术与环境艺术设计能够得到共同的发展并取得明显的进步。在这个过程中也会相应地改变人们的传统观念，改变之前图片欣赏的弊端，给人们呈现出基于三维空间的全新视觉享受。但是在一开始的应用过程中并不是一帆风顺的，由于对新媒体艺术的不了解，导致了无法真正将其利用于环境艺术设计中。为了改变这个问题，一些环境艺术设计师开始尝试将视频、电视、电影等展现方式应用于自己的设计中，以便能够让更多的设计师了解新媒体艺术的优势，推动新媒体艺术在环境艺术设计中的应用。

新媒体艺术的快速发展为人们提供了可以欣赏世界的不同思路和途径。这些方式不仅仅局限于图片和文字，还有视频，甚至是 3D、VR 体验等新型技术，来帮助人们完成对艺术作品的认识和感悟，以便人们能够更加深入地了解新媒体艺术在环境艺术设计中的应用。两者的发展也由原先的独立发展逐渐走向双向互动，并且这种互动关系不会因为时间的推移而走向分离，它们只会更加亲密。新媒体艺术的发展为环境艺术设计注入活力，环境艺术设计的发展相应也会带动新媒体艺术取得进一步的发展，两者之间的关系并不是对立性的，而是一种相互促进，协同发展的关系。虽然当前对新媒体艺术的探索还处于一种尝试阶段，需要每个人付出更多的努力，但只有这样才能够不断调动自己的知识储备，促进两者迈向"双赢"。

（三）促进人与环境平衡发展

在实际发展的过程中，新媒体艺术的应用可能会在一定程度上影响人与环境的平衡发展。对新媒体艺术来说，国外一些国家有着属于自己的经验，并应用于日常生活中，比如自动售票机、无人超市等方面都取得了一定的成绩。在借鉴他国的经验之后，我国也开始尝试将新媒体艺术应用于日常生活中，提高了人们的生活品质，帮助人们解决了很多生活中的难题。环境艺术设计不仅仅是冷冰冰的设计方案，更多的是利用新媒体艺术为其注入活力，赋予丰富的情感来推动环境艺术设计迈向新的发展阶段。基于此，环境艺术设计更应该汲取新媒体艺术中的优点来不断地为本专业注入发展动力。在具体的发展过程中，新媒体艺术的应用使得越来越多的环境艺术设计专业的从业者开始反思自己的工作和设计，尝试以创新来改变人们的生活，以多变的设计风格带给人们全新的美感享受。比如，在进行环境艺术设计的时候，物质形态和意识形态是作品所包含的两种形态，不同国家、不同民族、不同宗教的人对设计作品的感受是不同的，借助新媒体艺术发展的优势能够为设计者提供更多的发展思路和素材，在了解差异的同时找到内在共同点，为之后的创作过程提供更多灵感。环境艺术设计的过程中就是要让人们和自然更加接近，让人们感受到自然之美。在环境艺术设计中，设计师利用各种设计软件，结合自然带来的创作启示，将生活中一切带有美感的事物应用于创作中，给人们带来全新的视觉体验，产生更多的美感。比如，设计与3D结合，让人们产生身临其境的感觉，得到更丰富的体验。在这个过程中，人与自然和谐相处，走向更美好的未来。

四、提高新媒体艺术在环境艺术设计中应用效率的措施

当前，新媒体艺术应用于环境艺术设计中仅仅处于一种尝试性的初级阶段，各方面的发展并不成熟，这需要发挥多方的努力来不断完善这

种交互发展的关系，促进两者取得最后的胜利。为了提高新媒体艺术在环境艺术设计中的应用效率，需要根据当前出现的问题进行有针对性的整改，不断提高实际应用效率。

（一）培养高素质人才

首先对高校来说需要为环境艺术设计专业提供更多的政策支持和资金支持，确保专业课程能够顺利开展，积极鼓励学生解放天性；对学生的作品要从不同的角度进行看待并给予科学的评价和合理的指导建议。另外，在培养人才的过程中不仅需要教授与本专业相关的课程，同时还需要提前加入学习制图软件的课程，更加深刻地理解和学习新媒体艺术，帮助学生提前熟知各种操作。人才的培养不应该局限于中国文化，还要鼓励学生积极学习他国优秀文化，在深入研究之后结合我国的文化历史进行下一步的创作，这样一来就能够拓展学生的创作思路。为了能够培养高素质的人才，高校教育应该与实践活动紧密联系在一起，理论知识与实践经验并存能够提高学生的整体素质和能力，确保在之后的创作过程中进一步发挥个人能动性和创造性。可以与相关的设计院和工作室建立一种良好的合作教学关系，帮助学生能够更好地完成学习计划和实践任务。

（二）建立一支高素质师资队伍

对环境艺术设计专业来说，好的老师是走向成功的一半。学校可以对相关教师进行一定的培训，使他们了解新媒体艺术的概念和内涵；同时能够将新媒体艺术应用于环境艺术设计的教学过程中。另外，学校可以有针对性地聘请业内比较出色的设计师担任学生导师，因为这些设计师在经历过"打磨"之后能够对新媒体艺术有更多的了解，同时对本专业的教学也有了更加深刻的感知，这样能够给予学生的学习以更多有用的建议，帮助学生进行更加深入地学习。

（三）加速推动新媒体艺术的发展

为了能够提高新媒体艺术在环境艺术设计专业中的应用效率，需要不断更新人们的观念，创新实践方式，不断推动新媒体艺术向前发展。在这个过程中，发展需要立足我国的实际情况，需要综合各方面的条件进行创新。比如，对相关的制图软件来说，科学技术不断发展使得软件的更新速度在不断加快，软件的性能在应用的过程中逐渐暴露出相应的缺点，这就需要及时地对其进行更新换代以满足人们的艺术需求。相应地，对环境艺术设计专业从业人员来说，需要相应的提高自己对新媒体艺术的认识，对当前出现的新鲜事物要及时进行了解和掌握，以便能够完善自己的知识储备来迎接更严峻的挑战。在具体实践过程中，新媒体艺术和环境艺术设计专业的发展需要同步进行，在发展的过程中必然会存在一定的问题，当问题出现时需要及时根据问题提出解决措施，促进两者走向"共赢"的未来。

参考文献

[1] 丁怡. 中国传统建筑装饰构成语素与现代环境艺术设计 [J]. 建筑结构，2023，53（2）：154.

[2] 王雍博. 环境艺术设计中中国传统元素的适用性分析 [J]. 艺术研究，2022（6）：155–157.

[3] 梁昊. 现代环境艺术设计与中国传统文化的融合创新 [J]. 美与时代（城市版），2022（9）：64–66.

[4] 杨洪英，王钰，谢鑫洋. 生态环境艺术设计美学价值及其创新维度研究 [J]. 艺术大观，2022（21）：80–82.

[5] 黄勇. 融合中国传统文化元素的现代环境艺术设计 [J]. 时尚设计与工程，2022（1）：27–30.

[6] 孙继国，张崔潇，侯梅雪. 设计美学特征在环境艺术设计作品中的兼容 [J]. 美术教育研究，2022（2）：74–75.

[7] 种颖. 中国传统文化元素在现代环境艺术设计中的应用分析 [J]. 西部皮革，2021，43（17）：129–134.

[8] 郭姝君. 城市环境艺术设计中的美学 [J]. 艺术大观，2020（31）：77–78.

[9] 乌日瀚. 现代城市环境艺术设计的美学追求 [J]. 北方文学，2020（27）：73–74.

[10] 王杰. 水在环境艺术设计中的美学价值 [J]. 今日财富，2020（5）：169-170.

[11] 何林蔚. 环境艺术设计美学思考 [J]. 湖北农机化，2019（23）：47-48.

[12] 于文汇. 设计美学及审美要素与环境艺术设计联动性的研究 [J]. 艺术教育，2019（1）：186-187.

[13] 冯慧萍. 室内环境艺术设计中色彩与情感的和谐融入研究 [J]. 流行色，2022（10）：7-9.

[14] 汤寿旎，王倩倩，肖霄，等. 城市公共建筑色彩及光环境设计实验研究：以脑电监测下的空间认知及识读光环境实验为例 [J]. 城市建筑，2022，19（19）：118-122.

[15] 郭瀛锴. 色彩要素在室内环境艺术设计中的运用 [J]. 鞋类工艺与设计，2022，2（12）：107-109.

[16] 藏存峰. 色彩在建筑设计中的运用研究 [J]. 工业建筑，2022，52（6）：215.

[17] 蔡雨希. 论色彩在环境艺术设计中的应用思路 [J]. 文化产业，2022（5）：40-42.

[18] 金保华. 色彩美学在室内设计中的呈现与表达 [J]. 建筑结构，2022，52（2）：157.

[19] 罗莎莎. 光影艺术在室内环境设计中的运用 [J]. 环境工程，2020，38（11）：277-278.

[20] 李欣欣. 色彩在室内环境艺术设计中创新搭配应用探究 [J]. 居舍，2020（30）：63-64.

[21] 孙冰. 刍议光影环境下现代艺术设计魅力 [J]. 牡丹，2018（32）：20-21.

[22] 洪燕. 浅谈设计心理学在环境艺术设计中的应用 [J]. 新校园（上旬），2015（11）：87.

[23] 倪敏. 室内环境设计中光影和色彩结合的研究与运用 [J]. 技术与市场，2011，18（12）：156-157.

[24] 饶爱京，万昆. 技术与学习环境设计融合的困境、成因及突破 [J]. 教

育理论与实践，2023，43（4）：53–57.

[25] 姚又龙，徐功东.虚拟现实技术在环境艺术设计中的应用 [J].大观，2022（12）：81–83.

[26] 张丹丹，任浩然.数字虚拟技术背景下环境设计的现状及发展 [J].大众文艺，2022（21）：47–49.

[27] 陈旭辉.信息技术与环境艺术设计的融合发展 [J].工程建设与设计，2022（19）：158–160.

[28] 张妍，赵慧宁，李保林.新媒体技术下的环境设计应用研究 [J].安徽冶金科技职业学院学报，2022，32（3）：45–47.

[29] 李墨涵.新媒体艺术在环境艺术设计中的应用分析 [J].大众标准化，2022（10）：107–109.

[30] 马爱平.新媒体技术在环境艺术设计中的应用 [J].信息记录材料，2020，21（11）：136–137.

[31] 张建秋.光影艺术在建筑空间中的应用研究 [D].济南：山东建筑大学，2019.

[32] 马骁验.光影与空间：光影在室内设计中的应用研究 [D].云南：昆明理工大学，2013.

[33] 范蓓，盛楠，白颖.环境艺术设计原理 [M].武汉：华中科技大学出版社，2021.

[34] 黄艳，王富瑞，沈劲夫.环境艺术设计概论 [M].北京：中国青年出版社，2011.

[35] 水源，甘露.环境艺术设计基础与表现研究 [M].北京：北京工业大学出版社，2019.

[36] 颜文明.中国传统美学与环境艺术设计 [M].武汉：华中科技大学出版社，2017.

[37] 王斐然，黄贵良，王建学.艺术设计与色彩美学 [M].长春：吉林美术出版社，2018.